Frontiers in Physics 30

# 2次元超伝導
## 表面界面と原子層を舞台として

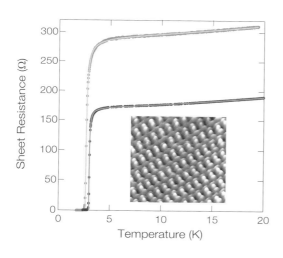

内橋 隆 [著]

基本法則から読み解く**物理学最前線**

須藤彰三 [監修]
岡 真

30

共立出版

# 刊行の言葉

　近年の物理学は著しく発展しています．私たちの住む宇宙の歴史と構造の解明も進んできました．また，私たちの身近にある最先端の科学技術の多くは物理学によって基礎づけられています．このように，人類に夢を与え，社会の基盤を支えている最先端の物理学の研究内容は，高校・大学で学んだ物理の知識だけではすぐには理解できないのではないでしょうか．

　そこで本シリーズでは，大学初年度で学ぶ程度の物理の知識をもとに，基本法則から始めて，物理概念の発展を追いながら最新の研究成果を読み解きます．それぞれのテーマは研究成果が生まれる現場に立ち会って，新しい概念を創りだした最前線の研究者が丁寧に解説しています．日本語で書かれているので，初学者にも読みやすくなっています．

　はじめに，この研究で何を知りたいのかを明確に示してあります．つまり，執筆した研究者の興味，研究を行った動機，そして目的が書いてあります．そこには，発展の鍵となる新しい概念や実験技術があります．次に，基本法則から最前線の研究に至るまでの考え方の発展過程を“飛び石”のように各ステップを提示して，研究の流れがわかるようにしました．読者は，自分の学んだ基礎知識と結び付けながら研究の発展過程を追うことができます．それを基に，テーマとなっている研究内容を紹介しています．最後に，この研究がどのような人類の夢につながっていく可能性があるかをまとめています．

　私たちは，一歩一歩丁寧に概念を理解していけば，誰でも最前線の研究を理解することができると考えています．このシリーズは，大学入学から間もない学生には，「いま学んでいることがどのように発展していくのか？」という問いへの答えを示します．さらに，大学で基礎を学んだ大学院生・社会人には，「自分の興味や知識を発展して，最前線の研究テーマにおける“自然のしくみ”を理解するにはどのようにしたらよいのか？」という問いにも答えると考えます．

　物理の世界は奥が深く，また楽しいものです．読者の皆さまも本シリーズを通じてぜひ，その深遠なる世界を楽しんでください．

須藤彰三

岡　真

# まえがき

　「超伝導は物理学の華である」という言葉を聞いたことがある．ごくありふれた物理量である電気抵抗値が，温度を下げていくとあるところで突然ゼロになってしまうという現象の驚きは，自らそれを経験したものにとっては決して忘れることのできないものであり，これは超伝導がオネスによって発見されて100年以上も経った現代においても変わらない．この不思議な現象は，バーディーン・クーパー・シュリーファーの3人によって解明されたが，そこから派生した概念はいまや素粒子物理学や宇宙物理学にとってもなくてはならないものになっている．また，銅酸化物高温超伝導体の発見は，世界中をセンセーションに巻き込み，強相関物理を確立させて現代物性物理学の方向性を決定づけた．工学的な観点から見ても超伝導はいまや確固たる地位を築き，磁気浮上式リニアや医療用 MRI の超伝導マグネットとして実用化され，量子コンピュータの最有力候補は超伝導素子からできている．超伝導研究のフロンティアは常に拡大し続けており，ごく最近では，超高圧という特殊な環境下においては，ほぼ摂氏ゼロ度という「高温」でさえも超伝導が起こることが確実視されるようになった．

　本書は，超伝導研究のフロンティアの1つが，表面界面や原子層物質などの2次元超伝導体にあることを紹介しようとするものである．今世紀に入ってからのナノテクノロジー，とりわけ表面界面における物質創製技術の発達は目覚ましい．これにより，原子レベルの厚さをもち，かつ結晶性の良好な超伝導物質を実際に作製できるようになった．また，計測技術の発達により，基板表面上に作製した試料をそのままの状態で液体ヘリウム温度以下で測定できるようになったが，これらが2次元超伝導研究の新たな発展を促すことになった．これに加えて，新たなデバイス構造の開発をあげることができる．電界効果トラ

ンジスタ構造を利用してゲート電極界面で超伝導を誘起することは，長い間の研究者の夢だったが，イオン液体などを利用した電気2重層ゲート電極が発明されたことで，初めてこのような系で超伝導が実現した．ここで誘起される2次元電子系は原子レベルの厚さしかなく，2次元超伝導と呼ばれる資格を十分にもつ．さらに忘れてはならないのは，グラフェンをはじめとした原子層物質研究の隆盛である．グラファイトから機械剥離という驚くべきシンプルな方法で取り出された1枚の原子層に電極を取り付け，その電気伝導を測ることができるようになってから，この種の原子層物質も超伝導になるだろうかと考えるのは当然の流れであるといえるだろう．

　超伝導の研究には長い歴史があり，2次元超伝導に関連する研究に限ってもすでに1960年代から存在する．この間に構築された理論は現代物理学の粋を集めたものであり，実験家が正面から取り組むにはハードルが高い．実際の研究の現場ではこれらの理解は後回しにして，最先端のテーマに取り組むことが多いが，少なくとも概念的なことは正確に把握しておく必要があると思われる．そこで，本書では前半で2次元系への展開を想定して超伝導の理論的背景を解説し，後半で最近の2次元超伝導研究の発展を実験を中心にして紹介するという形をとった．理論の説明は初歩的な量子力学の知識で理解できる範囲に限定し，後半のトピックスもそれに沿ったものを選んだ．著者には超伝導の理論を厳密に展開することは不可能であるし，また本書の目的からも外れるため，これは妥当なアプローチであると考えている．なお，本書では初学者および実験家の読者を想定して，SI単位系を採用した．超伝導の理論体系では伝統的にcgsガウス単位系が用いられてきたため，必要に応じて付録に載せた単位系の変換表A.1を参照してほしい．

　本書の執筆依頼を受けてからすでに数年が経過し，この間にも2次元超伝導研究に新たな展開があった．特にいわゆるモアレ2層グラフェンで超伝導が発見されて以来，関連研究が爆発的に進行しており，2次元超伝導のトピックスは原子層物質や強相関・トポロジカル物質の研究と一体化しつつある．このような状況でも，本書で述べるような基礎的な背景やトピックスは，今後も重要な意味を持ち続けるだろうと考える．本書が2次元超伝導に携わる学生や研究者に少しでも役に立つなら，著者として幸いである．

　本書を執筆するにあたって多くの人に議論していただきました．特に，共同
研究者の吉澤俊介氏，坂本一之氏，胡暁先生と，理論面全般にわたってご教授
いただいた田中秋広氏に深く感謝します．家永紘一郎氏と大熊哲先生には原稿
の閲読および図版の提供をしていただきました．また，著者の大学院生時代の
指導教官である小林俊一先生と勝本信吾先生，本書の執筆の機会を与えていた
だいた須藤彰三先生に感謝いたします．最後になりますが，共立出版編集部に
は，再三にわたる執筆の遅れによりご迷惑をおかけしました．常に激励をいた
だきましたことにお礼申し上げます．

　2022 年 10 月　　　　　　　　　　　　　　　　　　　　　　内橋　隆

# 目　次

# 第1章　2次元超伝導とは何か

　われわれが住んでいる空間は3次元であり，純粋な2次元空間などはこの世に存在しない．しかし，3次元空間内においても，部分空間としての2次元空間を考えることができる．物質中の電子に対しては，ある平面を設定して，その垂直方向に電子の運動を制限すると，実際に2次元電子系を作ることができる．これには，III-V族半導体ヘテロ構造のように異なる物質を接続させて，ポテンシャル障壁により電子を閉じ込めてもいいし，より直接的に対象となる物質を薄膜化してもよい．2次元電子系といってもさまざまなものがありうるが，そのなかでも究極的といってもよいのは，1枚の原子層から構成されるものだろう．例えばそのような系としては，グラファイトを構成する原子層を取り出して作ったグラフェンがあげられる．このような原子層の厚さしかないような2次元物質で超伝導は起こるだろうか？また，起こるとしたら，通常の3次元バルク物質の超伝導と比べてどのような特徴があるだろうか？これらの問いに答えるのが本書の目的である．

　このような問いは，以下の2つの観点から重要である．1つ目は，理論的な観点からの興味である．超伝導は物質中の電子の相互作用によって生じる代表的な相転移現象である．相転移現象には系の次元性が強く影響することが知られており，一般に系の次元性が下がると，ゆらぎが大きくなって相転移は起こりにくくなる．面白いことに，超伝導の位相のゆらぎは古典的なスピンが相互作用するモデルで記述できるので，厳密な数理科学的な議論が可能になり，古くからその相転移について議論されてきた．もう1つは，実用的な観点からの興味である．われわれが暮らしている高度情報化社会は半導体素子によって実現されているが，超高集積化と超高速化の代償として膨大な熱エネルギーを損失するようになっている．このため，近い将来のうちにその一部は，超伝導素

子によって置き換えられることが期待されている．このような超伝導素子を究極的に薄い原子層物質で作ることはできるだろうか，その際に新しい物性や機能性は現れるだろうか，というのがその疑問である．

　2 次元超伝導の研究は，1960 年代に前者の理論的な興味から始まった．超伝導は巨視的な量子力学的現象であり，その状態は単一の巨視的波動関数 $\Psi$（一般に複素数となる）により記述することができて，これを超伝導の秩序変数とみなす．特に秩序変数 $\Psi$ の大きさ（振幅）が空間的に一様である場合には，その位相 $\theta$ だけが超伝導状態を表すパラメータとなるため，モデル化が容易になる．第 3 章で詳しく説明するように，2 次元超伝導体は，その位相 $\theta$ を用いて，古典スピンの XY モデルで記述できる．2 次元は超伝導にとって境界的な次元であり，対称性の破れを伴う相転移は起こらないものの，準長距離秩序が確立して実質的な超伝導状態が生じることが，XY モデルより導かれる．ここで重要な働きをするのが，コスタリッツ・サウレス (Kosterlitz-Thouless, KT) 転移，あるいは独立に研究を行ったベレジンスキー (V. L. Berezinskii) を加えて，ベレジンスキー・コスタリッツ・サウレス (BKT) 転移と呼ばれる相転移である．2 次元系では容易に超伝導の渦電流であるボルテックスが発生するので，高温では大きく位相がゆらいでしまう．しかし，正負の渦の向きをもつボルテックスどうしがペアを組むことで，実質的な超伝導状態へと相転移する．KT 転移は 1980 年代の初頭に観測された．

　KT 転移の観測に使われた試料はアルミニウムや酸化インジウムなどの金属系薄膜だが，その厚さは 10 nm 程度であり，原子スケールよりもかなり大きい．このような薄膜でも 2 次元系として扱うことができるのは，厚さが超伝導の特徴的な長さであるコヒーレンス長 $\xi$（典型的には数百 nm）よりも小さいからである．この場合，厚さ方向に秩序変数 $\Psi$ が変化できないため，この系は 2 次元的な自由度のみをもった 2 次元超伝導体とみなすことができる．では，このような 2 次元超伝導体を原子スケール程度にまで薄くしていくと，何が起こるだろうか？ 1980～90 年代にかけて盛んに行われた実験によると，ある厚さを境にして低温では超伝導的な状態から絶縁体的な状態へと変化してしまう．興味深いことに，その境界での試料の面抵抗値（＝ 2 次元試料の抵抗率）は量子抵抗値と呼ばれる普遍的な値 $h/4e^2 = 6.45$ kΩ に近いことがわかった．ここで $h$ はプランク定

数，$e$ は素電荷量である．この現象は超伝導–絶縁体 (superconductor-insulator, S-I) 転移と呼ばれ，膜厚が小さくなるにつれて系の乱れが大きくなる（結晶性が悪くなる）ことで，超伝導秩序がゆらぐことがその原因である．超伝導の位相のゆらぎをモデル化した理論では，超伝導–絶縁体転移の臨界抵抗値として量子化抵抗値 $h/4e^2$ が導かれ，実験結果を説明することに成功した．

　ここで注意したいことは，S-I 転移を支配するパラメータは試料膜厚ではなく，面抵抗値すなわち結晶性の乱れであることである．よって，良好な結晶性をもつ試料さえ作ることができれば，原子層厚さであっても KT 転移により（実質的な）超伝導状態になることが原理的には可能なはずである．しかし，実際に原子レベルの厚さしかない 2 次元試料を作ろうとすると，結晶性が乱れるのは避けられないので，超伝導を実現するのは難しい．これを克服してこのような系での超伝導の実験的研究を行うことは，今世紀に入ってからのナノテクノロジーの発展と原子層物質の開発によって初めて可能になった．

　最初に高い結晶性をもつ 2 次元系において超伝導が発見されたのは，ペロブスカイト型酸化物であるアルミン酸ランタン (LaAlO$_3$) とチタン酸ストロチウム (SrTiO$_3$) から構成されるヘテロ構造界面においてである．これらの酸化物は絶縁体であるにもかかわらず，その界面で高濃度の伝導電子の領域が形成され，しかも超伝導になるということで，大きな注目を集めた．しかし，伝導電子が存在する領域については，平面垂直方向に 10 nm 程度の幅があり，また試料依存性が強い．続いて報告されたのは，ドープ量を変調したランタン系銅酸化物超伝導体のヘテロ構造界面 (La$_{1-x}$Sr$_x$CuO$_4$/La$_2$CuO$_4$) で起こる 2 次元超伝導である．銅酸化物超伝導体では，積層した多数の CuO$_2$ 面が電気伝導を担っているが，超伝導が起こっている領域は，界面近傍にある 1 枚の CuO$_2$ にほぼ集中しているとされた．これらの試料は酸化物からできたヘテロ構造であり，作製は最先端のパルスレーザー堆積法 (pulsed laser deposition, PLD) や分子線エピタキシー法 (molecular beam epitaxy, MBE) を駆使することで初めて実現された．

　最もわかりやすい形で原子層における 2 次元超伝導の存在を初めて示したのは，半導体表面上に成長した結晶性の金属原子層を用いた実験である．1980〜90 年代に行われた超伝導–絶縁体転移の実験は，金属薄膜を試料として用いて

いるが，原子層厚さの領域では粒子状またはアモルファル状の薄膜になってしまう（これは，意図的に乱れを導入して S-I 転移を研究するには，かえって好都合だった）．しかし，例えばシリコン基板を加熱して原子レベルで清浄かつ平坦な表面を準備してから金属層を成長させると，原子層の 2 次元結晶が得られる．このような系は，表面科学の分野で以前から研究されていたが，$10^{-8}$ Pa 程度の超高真空環境での試料作製と観測を必要とするため，極低温域での物性研究が遅れていた．だが，今世紀に入って極低温計測技術と超高真空技術の融合が進み，ついには鉛やインジウムなどの原子層 2 次元結晶で明瞭な超伝導転移が観測されるに至った．

　さらに原子層超伝導の存在を広く世に知らしめたのは，$SrTiO_3$ 基板の上にエピタキシャル成長した鉄セレン (FeSe) 原子層だろう．FeSe は最も組成の単純な鉄系超伝導体の 1 つであり，その転移温度は鉄系超伝導体ファミリーのなかでは 8 K とそれほど高くない．しかし，$SrTiO_3$ 基板上の鉄セレン原子層では 40 K 以上の超伝導転移温度が観測された．その後，多くの実験が行われたが，中には驚くべきことに 100 K を超える転移温度の報告例もある．この系はさまざまな測定手法によって研究されているが，試料作製が難しいこともあり，転移温度についての統一的な見解は得られていない．また，転移温度の異常な上昇の原因についても，多くの議論の対象になっている．

　最後に，重要な発見として電界効果トランジスタ (field-effect transistor, FET) 構造の界面における 2 次元超伝導をあげておきたい．FET とはゲート電極をシリコンなどの半導体表面に作製し，ゲート電圧を印加することで界面直下に電子またはホールのキャリアを誘起（または抑制）して，スイッチング機能を実現するものである．この構造を利用して半導体や絶縁体に超伝導を引き起こすことは，長い間の研究者の夢だった．しかし超伝導を実現するためには，一般に高密度のキャリアを誘起する必要があり，高いゲート電圧を印加する必要がある．一般的な誘電体をゲート絶縁層に使う FET 構造では静電破壊やリーク電流が制限となって，そこまでのキャリアを誘起することはできない．この問題はゲート電極にイオン液体などを採用し，その界面での電気 2 重層を利用することで解決された．これまでに，$SrTiO_3$ や二硫化モリブデン ($MoS_2$) をはじめとするさまざまな絶縁体の界面で超伝導が実現している．ゲート電極からの電

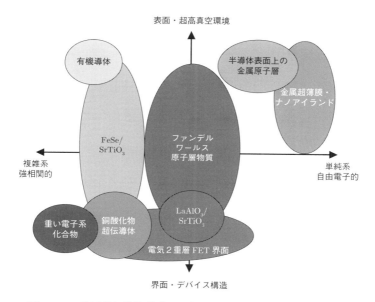

図 **1.1**　2 次元超伝導物質系の概念図．文献 [1] から改変して転載．

場はフェルミ波長程度の距離で静電遮蔽されるため，キャリア密度が $10^{14}\mathrm{cm}^{-2}$ 程度に大きくなると，2 次元電子系はこの領域に集中して存在し，実質的に原子スケール厚さの超伝導体とみなせるようになる．

　このような良好な結晶性と原子層レベルの厚さを併せ持つ表面界面における 2 次元超伝導は，2010 年ごろからほぼ同時期に独立して発見された．現在では，ニオブセレン (NbSe$_2$) やビスマス系銅酸化物超伝導体を機械剥離して作製した原子層試料や，基板上にエピタキシャル成長したグラフェンに化学ドーピングをした試料でも超伝導が発見されている．さらに，ねじれ角度をつけて積層した人工 2 層グラフェンでも超伝導が発見され，研究が爆発的に進んでいる．また，希土類元素を含む重い電子系化合物の超格子や，金属基板上に配列した有機分子単層などでも超伝導が見つかっており，2 次元超伝導の研究はさまざまな種類の物質系に広がっている．図 1.1 は，この状況を概観したものである．横軸には構成物質の複雑さを示した．左側に位置する物質系ほど，電子状態は複雑で強相関的な性質が強い．縦軸は，2 次元電子系が試料のどこに位置するか

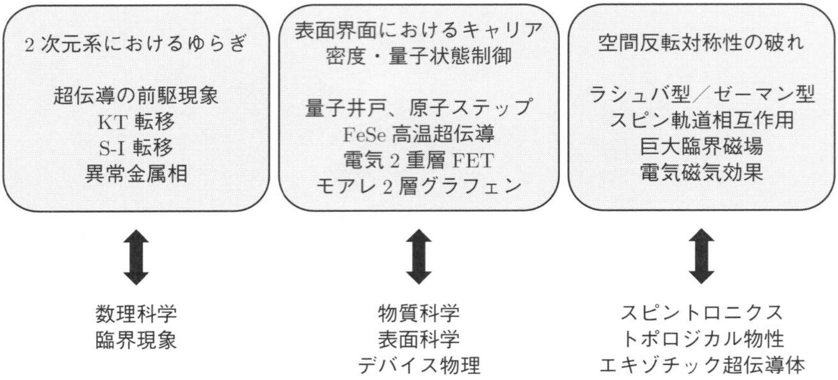

| 2 次元系におけるゆらぎ　　超伝導の前駆現象　KT 転移　S-I 転移　異常金属相 | 表面界面におけるキャリア密度・量子状態制御　　量子井戸、原子ステップ　FeSe 高温超伝導　電気 2 重層 FET　モアレ 2 層グラフェン | 空間反転対称性の破れ　　ラシュバ型／ゼーマン型　スピン軌道相互作用　巨大臨界磁場　電気磁気効果 |
| --- | --- | --- |

| 数理科学　臨界現象 | 物質科学　表面科学　デバイス物理 | スピントロニクス　トポロジカル物性　エキゾチック超伝導体 |
| --- | --- | --- |

図 **1.2**　2 次元超伝導体の特徴と関連する研究分野

を示している．上に位置する系は，試料の表面に露出しており，下に位置する系は埋もれた界面に存在する．

　このように 2 次元超伝導の研究対象は極めて多岐にわたっているため，その特徴を一言で言い表すことは難しいが，大まかに 3 つの特徴に分類することができるだろう（図 1.2）．1 つ目は 2 次元系における超伝導のゆらぎに起因する現象であり，KT 転移や S-I 転移がこれに属する．従来からの 2 次元超伝導研究のテーマであり，数理科学や統計力学における臨界現象との関連が深い．2 つ目は，表面界面からの影響が全系に及ぶことを利用して，キャリア密度や量子状態を制御することにより発現する現象である．最もわかりやすい例としては，電気 2 重層 FET による電界誘起超伝導があげられる．この特徴は，物質科学や表面科学，デバイス物理との関連が深い．3 つ目は，表面界面や原子層において結晶の空間反転対称性が破れることにより生じる現象である．重い元素を含む系ではいわゆるラシュバ型またはゼーマン型のスピン軌道相互作用が重要になり，巨大臨界磁場などの現象が観測される．また，運動量空間でスピン偏極が発生するため，それを利用した超伝導スピントロニクスなどへの展開が考えられ，トポロジカル超伝導などのエキゾチックな物性が期待できる．これらの特徴に加えて，グラフェンなどの 2 次元物質固有の面白さと超伝導が組み合わさることで，さらに興味深い物理現象の発現やデバイスへの応用展開が可能となる．

　本書は以下のような構成になっている．まず第2章では超伝導に関する基本的な知識を述べる．ここでは後の章での説明に必要なことを中心に，超伝導の定性的な理解を目指す．第3章では超伝導のゆらぎに起因する現象と理論を，KT転移とS-I転移を中心にして解説する．これらは2次元超伝導を語るうえでは避けることのできない基礎知識であり，特に，S-I転移については近年関連実験の進展が目覚ましく，再び注目を集めている．第4章は，原子レベルの厚さと良好な結晶性をもつ2次元超伝導体について，代表的な試料系を具体的な例をあげながら紹介する．第5章は，このような2次元超伝導体で観測される物理現象に関して，トピックスの形で取り上げる．最後に第6章で，まとめと今後の展望を述べる．

# 第**2**章  超伝導の基礎知識

超伝導の基礎理論としては，巨視的な観点から系の性質を論じるロンドン理論およびギンツブルグ・ランダウ (GL) 理論と量子力学に基づいた微視的な観点からの枠組みであるバーディーン・クーパー・シュリーファー (BCS) 理論が重要である．本章では 2 次元超伝導への適応を念頭におきながら，これらの理論が記述する代表的な現象について紹介する[1]．

## 2.1 超伝導の基本的性質とロンドン理論

### 2.1.1 マイスナー効果と熱力学的臨界磁場

超伝導体の基本的な性質としては，ゼロ抵抗の発現とマイスナー (Meissner) 効果が広く知られている．ゼロ抵抗は，電場ゼロのもとで，超伝導体でできた閉回路に時間とともに減衰しない電流（永久電流）が流れることを意味する（図 2.1 (a)）．一方，マイスナー効果は超伝導体に弱い磁場を印加したときに，表面のごく近傍以外からは磁場が排除される現象であり，超伝導体は完全反磁性体として振る舞う（図 2.1 (b)）．この 2 つを比較すると，マイスナー効果の方がゼロ抵抗の発現よりも本質的な現象である．超伝導転移温度を $T_c$ とすると，$T > T_c$ でのノーマル状態の超伝導体に磁場を印加しておいてから $T_c$ 以下の温

---

[1] 本章の内容の多くは，超伝導の代表的な教科書である M. Tinkham, *Introduction to Superconductivity* 2nd ed. [2]（青木亮三，門脇和男訳「超伝導入門」第 2 版）に依っている．ただし，BCS 理論の説明については，著者独自のアプローチをとった．超伝導の教科書には名著が多くすべては紹介できないが，例えば家泰弘「超伝導」[3] や，一般向きの解説書として勝本信吾・河野公俊「超伝導と超流動」[4] などがある．BCS 理論を扱った最近の本としては，有田亮太郎「高圧下水素化物の室温超伝導」[5] がある．

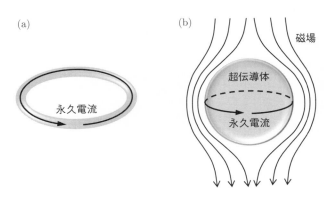

**図 2.1**　閉回路を流れる永久電流 (a) およびマイスナー効果 (b) を示す模式図.

度に下げると，磁場はマイスナー効果によって超伝導体から排除される．この現象は，単純なゼロ抵抗の性質によっては説明できない．一方，マイスナー効果が起こる際には磁場を遮蔽するために永久電流が超伝導体の表面に流れることから，ゼロ抵抗はマイスナー効果によって説明できる．

　マイスナー効果が $T_c$ を境界にして可逆的に起こることからわかるように，超伝導状態は，ノーマル状態とは異なる熱力学的な電子相の一種である．超伝導状態での自由エネルギーはノーマル状態でのそれに比較して低下しており，この差を超伝導凝縮エネルギーと呼ぶ．ある閾値以上の大きな磁場（臨界磁場 $B_c$）を印加することで，超伝導状態は破壊され，ノーマル状態へと相転移する．いわゆる第 I 種超伝導体では超伝導状態からノーマル状態への転移は，熱力学条件によって決まる．すなわち，単位体積あたりの超伝導凝縮エネルギーは，超伝導体が磁場を排除しようとする力に逆らって磁場を印加するために必要な単位体積あたりのエネルギー $(1/2\mu_0)B_c^2$ と等しい（$\mu_0$: 真空の透磁率）[2]．このことから，$B_c$ は熱力学的臨界磁場とも呼ばれる．

　超伝導凝縮エネルギーは以下のような議論によって導かれる．図 2.2 (a) に示すように，定電流電源で保持されたソレノイドによる磁場中を，超伝導体試料

---

[2] 本書では SI 単位系を採用し，表記上の混乱を避けるために印加磁場および臨界磁場を磁束密度を用いて $B_a, B_c$ と表す．超伝導の分野では，これらの値を磁場の強さに対応する記号 $H_a, H_c$ などを用いて表すことが多い．本書では特に必要な場合を除いて，磁束密度を磁場と呼ぶことにする．

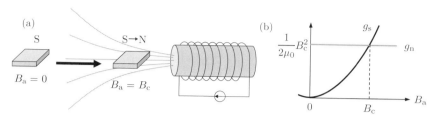

**図 2.2** (a) 超伝導凝縮エネルギーを求めるための概念図. (b) 超伝導状態およびノーマル状態における自由エネルギー密度 $g_s$, $g_n$ の印加磁場 $B_a$ に対する依存性.

を無限遠から近づけて $B_a = B_c$ となる点でノーマル状態に相転移したとする. 磁化 $M$ を独立変数とする試料の自由エネルギー密度を $f$ とすると, 外部磁場 $B_a$ を独立変数としたときの自由エネルギー密度 $g$ は, ルジャンドル変換により $g = f - MB_a$ で与えられる. 以下, 超伝導状態およびノーマル状態での自由エネルギー密度をそれぞれ $f_s$, $g_s$ および $f_n$, $g_n$ と記す. このとき, $g_s$ の増加分は

$$g_s|_{B_a=B_c} - g_s|_{B_a=0} = -\int_0^{B_c} M dB_a \tag{2.1}$$

に等しい[3]. 超伝導体内ではマイスナー効果により磁束密度が $B = B_a + \mu_0 M = 0$ となるので[4], $M = -(1/\mu_0)B_a$ を式 (2.1) に代入すると,

$$g_s|_{B_a=B_c} - g_s|_{B_a=0} = \frac{1}{2\mu_0}B_c^2 \tag{2.2}$$

となる. $B_a = B_c$ で超伝導状態からノーマル状態に変化するとき, 自由エネルギー密度 $g$ が両者で等しいため, $g_s|_{B_a=B_c} = g_n|_{B_a=B_c}$ が成り立ち, またノーマル状態における磁化を無視すると $g_n|_{B_a=B_c} = g_n|_{B_a=0}$ である. これらを式 (2.2) に代入すると

$$g_n|_{B_a=0} - g_s|_{B_a=0} = \frac{1}{2\mu_0}B_c^2 \tag{2.3}$$

が得られる. この状況を図 2.2 (b) に示した. $B_a = 0$ では超伝導状態での自由エネルギー密度 $g_s$ はノーマル状態での値 $g_n$ より超伝導凝縮エネルギー $(1/2\mu_0)B_c^2$

---

[3] $B_a$, $M$ 以外の変数が一定のとき, $dg = df - d(MB_a) = B_a dM - (M dB_a + B_a dM) = -M dB_a$ より導かれる.

[4] 試料形状は薄膜 (ただし後述する磁場侵入長 $\lambda$ よりは十分に厚い) で磁場は面内方向に印加するとする. この場合, 表面磁化による反磁場の効果は無視できる.

だけ低くなっており，$B_\mathrm{a} > B_\mathrm{c}$ で両者が逆転することでノーマル状態へと転移する．$B_\mathrm{a} = 0$ では $f = g$ であるから，同様に $f_\mathrm{n}|_{B_\mathrm{a}=0} - f_\mathrm{s}|_{B_\mathrm{a}=0} = (1/2\mu_0)B_\mathrm{c}^2$ が成り立つ．

### 2.1.2　ロンドン方程式

超伝導体のゼロ抵抗およびマイスナー効果は，現象論であるロンドン (London) 理論によって説明される．特に，磁場 $\boldsymbol{B}$ を $\boldsymbol{B} = \nabla \times \boldsymbol{A}$ の式を用いてベクトルポテンシャル $\boldsymbol{A}$ で表し，ゲージとしてロンドンゲージ [5] を採用することで，次の簡潔な形で磁場に対する超伝導電流 $\boldsymbol{J}$ の応答が記述できる．

$$\boldsymbol{J} = -\frac{1}{\mu_0 \lambda^2} \boldsymbol{A} \tag{2.4}$$

式 (2.4) を，ロンドン方程式と呼ぶ．ここで，$\lambda$ は磁場侵入長（あるいは単に侵入長）と呼ばれる物質固有の量である．式 (2.4) の時間微分をとると，$\boldsymbol{E} = -\partial \boldsymbol{A}/\partial t$ より

$$\frac{\partial}{\partial t}\boldsymbol{J} = -\frac{1}{\mu_0 \lambda^2}\frac{\partial}{\partial t}\boldsymbol{A} = \frac{1}{\mu_0 \lambda^2}\boldsymbol{E} \tag{2.5}$$

となり，$\boldsymbol{E} = 0$ に対して定常状態が得られるので，電場ゼロでも減衰しない永久電流の存在が許される．また $\boldsymbol{E} \neq 0$ に対しては，電子の電荷と質量を $e(< 0), m$，超伝導を担う電子の密度を $n_s$ とすると，電子散乱がない場合には電子が一定の加速度 $e\boldsymbol{E}/m$ で加速されるので

$$\frac{\partial}{\partial t}\boldsymbol{J} = \frac{n_s e^2}{m}\boldsymbol{E} \tag{2.6}$$

が導かれる．よって，式 (2.5) との比較により侵入長 $\lambda$ が

$$\lambda = \left(\frac{m}{\mu_0 n_s e^2}\right)^{\frac{1}{2}} \tag{2.7}$$

と求められる [6]．一方，$\boldsymbol{E} = 0$ では，ロンドン方程式 (2.4) と定常状態でのマ

---

[5] 超伝導体内部において $\nabla \cdot \boldsymbol{A} = 0$，境界条件として式 (2.4) が法線成分に関して成り立つように $\boldsymbol{A}$ を決める．

[6] 式 (2.7) では 2 電子がペアになったクーパー対の存在を考慮していないが，クーパー対を仮定して $m^* = 2m, e^* = 2e, n_s^* = n_s/2$ としても同じ結果を与える．

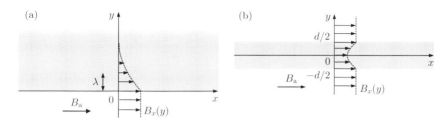

**図 2.3** 超伝導体への磁場の侵入を示す模式図. (a) バルクの場合. (b) 2 次元薄膜の場合. 本文中では $d \ll \lambda$ としたが, $B_x(y)$ の変化をわかりやすくするため, $d \sim \lambda$ として表示している.

クスウェル方程式 $\nabla \times \boldsymbol{B} = \mu_0 \boldsymbol{J}$ を組み合わせると

$$\nabla \times (\nabla \times \boldsymbol{B}) = \nabla \times (\mu_0 \boldsymbol{J}) = \mu_0 \nabla \times \left( -\frac{1}{\mu_0 \lambda^2} \boldsymbol{A} \right) = -\frac{1}{\lambda^2} \boldsymbol{B} \qquad (2.8)$$

が得られる. この式の左辺は $\nabla \cdot \boldsymbol{B} = 0$ を用いて

$$\nabla \times (\nabla \times \boldsymbol{B}) = \nabla (\nabla \cdot \boldsymbol{B}) - \nabla^2 \boldsymbol{B} = -\nabla^2 \boldsymbol{B} \qquad (2.9)$$

と変形できるので, 式 (2.8), (2.9) から,

$$\nabla^2 \boldsymbol{B} = \frac{1}{\lambda^2} \boldsymbol{B} \qquad (2.10)$$

が導かれる. 図 2.3 (a) のように超伝導体の表面に平行に磁場 $B_a$ を印加したとき, この方程式の解は $B_x(y) = B_a e^{-y/\lambda}$ であり, 超伝導体の内部では磁場が侵入長 $\lambda$ のスケールで指数関数的に減衰することを示す. これはバルクの超伝導体の内部には表面から $\lambda$ の範囲でしか磁場が侵入できないことを意味しており, マイスナー効果を説明する. $\lambda$ は一般に数百 nm 程度であり, 微視的なスケールの量である.

### 2.1.3 2 次元超伝導体の面内臨界磁場

ロンドン理論の応用として, 侵入長 $\lambda$ より十分に薄い 2 次元超伝導体の試料 (厚さ $d \ll \lambda$) に面内磁場 $B_a$ を加えた場合の臨界磁場 $B_{c2\parallel}$ を求めてみよう. 図 2.3 (b) のような配置を考えたとき, $y = \pm d/2$ で $B_x(y) = B_a$ の境界条件を

満たす式 (2.10) の解は

$$B_x(y) = B_a \frac{\cosh(y/\lambda)}{\cosh(d/2\lambda)} \tag{2.11}$$

である．試料内での平均の磁束密度を $\bar{B}$ とすると，

$$\bar{B} = \frac{1}{d} \int_{-d/2}^{d/2} B(y) dy = B_a \frac{2\lambda}{d} \tanh\left(\frac{d}{2\lambda}\right) \approx B_a \left(1 - \frac{d^2}{12\lambda^2}\right) \tag{2.12}$$

となる．磁場は試料全体に侵入しており，$\bar{B}$ の値は $B_a$ とほとんど変わらない．超伝導体内部の平均磁化 $\bar{M}$ は，薄膜の反磁場係数がゼロであることを用いると

$$\bar{M} = \frac{1}{\mu_0}(\bar{B} - B_a) = -\frac{1}{\mu_0} B_a \frac{d^2}{12\lambda^2} \tag{2.13}$$

となる．再び図 2.2(a) の状況を考え，式 (2.1) において $M \to \bar{M}$, $B_c \to B_{c2\parallel}$ と置き換えると，

$$B_{c2\parallel} = \sqrt{12}\left(\frac{\lambda}{d}\right) B_c \tag{2.14}$$

が得られる．すなわち，2 次元極限の $d \to 0$ で $B_{c2\parallel} \to \infty$ となる．これは，超伝導体が磁場を排除するための「無駄な」磁気エネルギーを伴わないために生じる．このような面内臨界磁場の増大は，2 次元超伝導体の一般的な特徴である．

## 2.2　BCS 理論

　ロンドン理論はマイスナー効果などの超伝導の基本的な性質を説明することができるが，あくまで現象論であり，超伝導がなぜ起こるのか，その微視的なメカニズムに関して答えるものではない．バーディーン・クーパー・シュリーファー (Bardeen-Cooper-Schrieffer, BCS) 理論は，量子力学の基礎に基づいて超伝導の発現機構を明らかにするだけでなく，光学測定・トンネル分光で示されるエネルギーギャップの存在や，$T_c$ 直下における核磁気共鳴の緩和異常などの実験事実を見事に説明する．さらに，超伝導体においては多数の電子の位相がそろうことを示し，現代物理学において重要な概念である自発的対称性の破れが発見されるきっかけにもなった．

### 2.2.1 クーパー対

　BCS 理論では，超伝導を担う電子の間には弱い引力相互作用が働き，その結果電子はペアになって束縛状態を作るとする．このペアのことをクーパー対と呼ぶ（図 2.4）．引力の起源としては，従来型の超伝導体に関してはフォノンを介した機構が確立しており，デバイ周波数に対応するエネルギー $\hbar\omega_c$ の範囲内のフォノンのやりとりにより，電子間に相互作用が働く．電流も磁場も存在しないとき，クーパー対を構成する 2 電子の重心の運動量はゼロであるため，それぞれの波数は，$\boldsymbol{k}$ および $-\boldsymbol{k}$ のように反平行になっている．2 電子の空間座標を $\boldsymbol{r_1}, \boldsymbol{r_2}$，相対座標を $\boldsymbol{r} = \boldsymbol{r_1} - \boldsymbol{r_2}$ とすると，クーパー対の波動関数の軌道成分 $\phi(\boldsymbol{r})$ は異なる $\boldsymbol{k}$ をもつ平面波の量子力学的な重ね合わせとして，

$$\phi(\boldsymbol{r}) = \sum_{\boldsymbol{k}} g(\boldsymbol{k}) \exp(i\boldsymbol{k} \cdot \boldsymbol{r_1}) \exp(-i\boldsymbol{k} \cdot \boldsymbol{r_2})$$
$$= \sum_{\boldsymbol{k}} g(\boldsymbol{k}) \exp(i\boldsymbol{k} \cdot \boldsymbol{r}) \tag{2.15}$$

のように表せる．一般には 2 電子の入れ替えに関して対称的な波動関数がエネルギー的に安定であり，$\phi(-\boldsymbol{r}) = \phi(\boldsymbol{r})$ から $g(\boldsymbol{k}) = g(-\boldsymbol{k})$ が得られる．この場合，電子がもつフェルミオンとしての性質を満たすためには，クーパー対の波動関数のスピン部分 $|\chi\rangle$ は 2 電子の入れ替えに関して反対称的であることが要請される．すなわち，クーパー対は

$$|\chi\rangle = \frac{1}{\sqrt{2}}(|\uparrow\rangle_1|\downarrow\rangle_2 - |\downarrow\rangle_1|\uparrow\rangle_2) \tag{2.16}$$

のスピン 1 重項を形成し，個々の電子のスピンは↑,↓のように反平行になっている[7]．

　ここでクーパー対に関する重要な性質として，その大きさを求める．超伝導状態を引き起こす電子間の引力は通常弱いため，束縛対であるクーパー対を構成する電子間の距離は非常に大きい．クーパー対の形成にはフェルミ準位近傍の $k_{\mathrm{B}}T_c$ 程度のエネルギー幅 $\Delta E$ に含まれる電子が関与しており，一

---

[7] 逆に，クーパー対の軌道部分が反対称的で $(\phi(-\boldsymbol{r}) = -\phi(\boldsymbol{r}))$ スピン部分が対称的なスピン 3 重項超伝導もフェルミオンによる要請を満たすが，特殊な物質でしか実現しない．

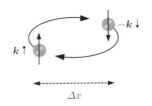

図 **2.4**　クーパー対の概念図.

方で自由電子について考えるとエネルギー幅 $\Delta E$ と運動量の幅 $\Delta p$ の間には $\Delta E = (p/m)\Delta p|_{E=E_{\mathrm F}} = v_{\mathrm F}\Delta p$ の関係がある（$v_{\mathrm F}$：フェルミ速度）．これらの関係式を量子力学の不確定性関係 $\Delta x \Delta p \sim \hbar$ に代入すると，$\Delta x \sim \hbar v_{\mathrm F}/k_{\mathrm B}T_{\mathrm c}$ が得られ，$\Delta x$ をクーパー対の大きさとみなすことができる[8]．$\Delta x$ は従来型の超伝導体では $10^2 \sim 10^3$ nm にもなり，電子の平均間隔 (0.1 ～ 1 nm) よりもはるかに大きい．すなわち，超伝導体中では膨大な数のクーパー対が互いに重なり合って存在していることになる．

　上述したようにクーパー対の形成を引き起こす引力相互作用はフェルミ準位近傍の電子にしか働かないが，その結果として生じる超伝導状態にはほとんどすべての電子が関与している．この電子数は超伝導転移温度 $T_{\mathrm c}$ で連続的にゼロから有限の値になり，温度の降下とともに増加して，$T = 0$ ではすべての電子がクーパー対として 1 つの量子状態に凝縮するようになる．クーパー対は 2 つの電子（フェルミオン）から構成されることからわかるように，定性的にはボゾンとみなすことができるので，超伝導状態への相転移は一種のボーズ凝縮と解釈することもできる．このようにクーパー対をボゾンとみなすモデルは 3.3 節で紹介する超伝導–絶縁体転移の理論などで使われている．

### 2.2.2　BCS 基底状態

　このような多数の電子が関与する系の量子力学的な基底状態を正確に扱うには，第 2 量子化による記述と平均場近似が有効な方法となる．厳密な扱いにはボゴリューボフ変換などの技法が必要になり，本書のレベルを超えるので，こ

---

[8] より定量的な議論からはピッパードのコヒーレンス長 $\xi_0 \equiv \hbar v_{\mathrm F}/\pi\Delta(0)$（$\Delta(0)$: $T = 0$ での超伝導エネルギーギャップ）が求められ，$\xi_0$ がクーパー対の大きさを代表する長さスケールとなる．

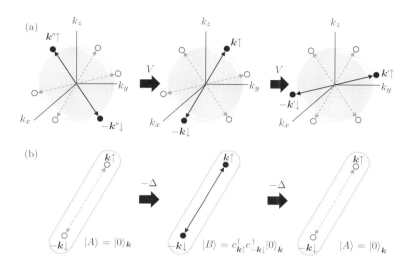

図 **2.5**　(a) クーパー対を構成する電子の遷移を示す概念図．(b) $\boldsymbol{k}$ 部分空間に注目した
状態遷移の概念図．

こでは以下のような議論で直感的な理解を得るにとどめておく．

　BCS 理論における最も単純化したハミルトニアンは第 2 量子化の形式では次
の式で表される．

$$H_{\mathrm{BCS}} = \sum_{\boldsymbol{k},\sigma} \xi_{\boldsymbol{k}} c_{\boldsymbol{k}\sigma}^{\dagger} c_{\boldsymbol{k}\sigma} - \sum_{\boldsymbol{k},\boldsymbol{k}'} V c_{\boldsymbol{k}'\uparrow}^{\dagger} c_{-\boldsymbol{k}'\downarrow}^{\dagger} c_{-\boldsymbol{k}\downarrow} c_{\boldsymbol{k}\uparrow} \tag{2.17}$$

ここで $c_{\boldsymbol{k}\sigma}^{\dagger}$, $c_{\boldsymbol{k}\sigma}$ $(\sigma = \uparrow,\downarrow)$ は電子の生成演算子と消滅演算子である．$\xi_{\boldsymbol{k}} = \hbar^2 \boldsymbol{k}^2/2m - \mu$ は化学ポテンシャル $\mu$ から測った電子の運動エネルギーであり，$c_{\boldsymbol{k}\sigma}^{\dagger} c_{\boldsymbol{k}\sigma}$ は状態 $\boldsymbol{k}\sigma$ での電子の占有数を表す演算子である．式 (2.17) の第 2 項
は，2 電子の状態が引力的なポテンシャル $-V(V > 0)$ によって $\boldsymbol{k}\uparrow$, $-\boldsymbol{k}\downarrow$ から
$\boldsymbol{k}'\uparrow$, $-\boldsymbol{k}'\downarrow$ へと遷移することを意味している．電子は必ず $\boldsymbol{k}$, $-\boldsymbol{k}$ のようにペア
になって遷移し，このときスピンは変化しない．図 2.5 (a) はこの様子を模式的
に示したものである．

　式 (2.17) のハミルトニアンは本質的に多体問題を表しており，そのままでは
その固有状態を求めることはできない．そこで，以下のように問題を置き換え
る．全電子系の状態を表す空間の中から $\boldsymbol{k}\uparrow$, $-\boldsymbol{k}\downarrow$ 状態に関する空間（以後，簡

単に $k$ 部分空間と呼ぶ）に注目して，電子が $k\uparrow, -k\downarrow$ 状態を占有するかどうかによる変化を考える．また，平均場近似を導入して，この空間における状態は他のすべての $k$ 部分空間での状態の期待値に依存するが，異なる部分空間の状態の間には相関がないとする．この空間では，図 2.5 (b) からわかるように

$$|A\rangle = |0\rangle_k, \qquad |B\rangle = c_{k\uparrow}^\dagger c_{-k\downarrow}^\dagger |0\rangle_k \qquad (2.18)$$

の 2 つの状態の間で遷移が起こっている．ここで状態 $|A\rangle$ は $k\uparrow, -k\downarrow$ の両方とも電子に占有されていない状態であり，状態 $|B\rangle$ は両方とも電子によって占有されている状態である．$|0\rangle_k$ は，$k$ 部分空間の真空を表す．$k$ 部分空間では，これらの 2 状態間の共鳴的な遷移によってエネルギーが下がり，基底状態 $|G\rangle_k$ は次の状態をとる（図 2.6 (a)）．

$$\begin{aligned}|G\rangle_k &= u_k|A\rangle + v_k|B\rangle = u_k|0\rangle_k + v_k c_{k\uparrow}^\dagger c_{-k\downarrow}^\dagger |0\rangle_k \\ &= \left(u_k + v_k c_{k\uparrow}^\dagger c_{-k\downarrow}^\dagger\right)|0\rangle_k \end{aligned} \qquad (2.19)$$

$|G\rangle_k$ は，$|A\rangle$ と $|B\rangle$ がそれぞれ確率振幅 $u_k, v_k$ をもって量子力学的に重ね合わされた状態を示している．これらの考察から，全系の超伝導基底状態は $|G\rangle_k$ の直積として次の式で表現することができる．

$$|G\rangle = \prod_k \left(u_k + v_k c_{k\uparrow}^\dagger c_{-k\downarrow}^\dagger\right)|0\rangle \qquad (2.20)$$

ここで，$|0\rangle \equiv \prod_k |0\rangle_k$ は全系の真空状態を表す．

　基底状態のエネルギーなどは，以下のようにして具体的に計算できる．化学ポテンシャル $\mu$ から測った波数 $k$ の電子の運動エネルギーは $\xi_k = \hbar^2 k^2/2m - \mu$ なので，状態 $|A\rangle, |B\rangle$ のエネルギー $\epsilon_A, \epsilon_B$ について

$$\epsilon_A = 0 \qquad \epsilon_B = 2\xi_k \qquad (2.21)$$

となる．$|A\rangle$ と $|B\rangle$ の間の遷移行列要素を $-\Delta$ とおき，ここでは簡単のために $\Delta$ を正の実数にとる．$\Delta$ はペアポテンシャルと呼ばれる．このような 2 準位系の固有状態は簡単に計算することができて，以下の行列形式のシュレディンガー

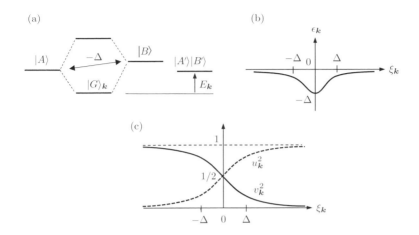

**図 2.6** (a) クーパー対の共鳴状態と準粒子励起状態の概念図. (b) $|G\rangle_{\boldsymbol{k}}$ のエネルギーの $\xi_{\boldsymbol{k}}$ 依存性. (c) $u_{\boldsymbol{k}}^2$ および $v_{\boldsymbol{k}}^2$ の $\xi_{\boldsymbol{k}}$ 依存性.

方程式を解けばいい.

$$\begin{bmatrix} \epsilon_A & -\Delta \\ -\Delta & \epsilon_B \end{bmatrix} \begin{bmatrix} u_{\boldsymbol{k}} \\ v_{\boldsymbol{k}} \end{bmatrix} = \epsilon_{\boldsymbol{k}} \begin{bmatrix} u_{\boldsymbol{k}} \\ v_{\boldsymbol{k}} \end{bmatrix} \tag{2.22}$$

これを解くと, 基底状態のエネルギーおよびそれに対する状態 $|A\rangle$, $|B\rangle$ がとる確率振幅 $u_{\boldsymbol{k}}$, $v_{\boldsymbol{k}}$ として

$$\epsilon_{\boldsymbol{k}} = \xi_{\boldsymbol{k}} - (\xi_{\boldsymbol{k}}^2 + \Delta^2)^{1/2} \tag{2.23}$$

$$u_{\boldsymbol{k}}^2 = \frac{1}{2}\left[1 + \frac{\xi_{\boldsymbol{k}}}{(\xi_{\boldsymbol{k}}^2 + \Delta^2)^{1/2}}\right] \tag{2.24}$$

$$v_{\boldsymbol{k}}^2 = \frac{1}{2}\left[1 - \frac{\xi_{\boldsymbol{k}}}{(\xi_{\boldsymbol{k}}^2 + \Delta^2)^{1/2}}\right] \tag{2.25}$$

が得られる. 遷移がない場合の最低エネルギー $\epsilon_{\boldsymbol{k}}^0$ ($\xi_{\boldsymbol{k}} > 0$ のとき $\epsilon_{\boldsymbol{k}}^0 = 0$, $\xi_{\boldsymbol{k}} < 0$ のとき $\epsilon_{\boldsymbol{k}}^0 = 2\xi_{\boldsymbol{k}}$) から測ったエネルギー変化 $\delta\epsilon_{\boldsymbol{k}}$ は

$$\delta\epsilon_{\boldsymbol{k}} = \epsilon_{\boldsymbol{k}} - \epsilon_{\boldsymbol{k}}^0 = |\xi_{\boldsymbol{k}}| - (\xi_{\boldsymbol{k}}^2 + \Delta^2)^{1/2} < 0 \tag{2.26}$$

となる. この結果から, フェルミ準位上 ($\xi_{\boldsymbol{k}} = 0$) で量子力学的共鳴による

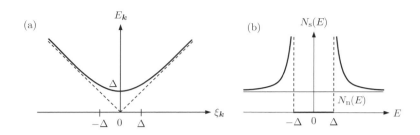

**図 2.7**　(a) 励起エネルギー $E_{\boldsymbol{k}}$ の $\xi_{\boldsymbol{k}}$ 依存性. (b) 超伝導体の状態密度を示すグラフ.

エネルギーの低下が最も大きくなることがわかる（図 2.6 (b)）[9]. このとき，$u_{\boldsymbol{k}} = v_{\boldsymbol{k}} = 1/\sqrt{2}$ となって状態 $|A\rangle, |B\rangle$ の確率振幅は等しい. 図 2.6 (c) は $u_{\boldsymbol{k}}^2, v_{\boldsymbol{k}}^2$ を $\xi_{\boldsymbol{k}}$ の関数として表示したものである. これらはそれぞれ，ホールおよび電子の存在確率を示しており，$\Delta = 0$ の極限で $T = 0$ でのノーマル状態のフェルミ分布に一致する.

### 2.2.3　準粒子励起と状態密度

次に $\boldsymbol{k}$ 部分空間で，$\boldsymbol{k}\uparrow$ または $-\boldsymbol{k}\downarrow$ に電子が 1 つだけ存在する状態 $|A'\rangle = c_{\boldsymbol{k}\uparrow}^{\dagger}|0\rangle_{\boldsymbol{k}}, |B'\rangle = c_{-\boldsymbol{k}\downarrow}^{\dagger}|0\rangle_{\boldsymbol{k}}$ を考えよう. BCS 理論の枠組みでは，電子は必ず $\boldsymbol{k}\uparrow$ と $-\boldsymbol{k}\downarrow$ がペアになって異なる $\boldsymbol{k}$ 部分空間に移動していくので，電子が 1 つだけ存在しては，移動することができない. すなわち，状態 $|A'\rangle, |B'\rangle$ のエネルギーは $\epsilon_A' = \xi_{\boldsymbol{k}}, \epsilon_B' = \xi_{\boldsymbol{k}}$ のままである（図 2.6 (a)）. $\boldsymbol{k}$ 部分空間における基底状態 $|G\rangle_{\boldsymbol{k}}$ からこのエネルギーを測ると，励起エネルギーを $E_{\boldsymbol{k}}$ として

$$E_{\boldsymbol{k}} = \xi_{\boldsymbol{k}} - \epsilon_{\boldsymbol{k}} = \left(\xi_{\boldsymbol{k}}^2 + \Delta^2\right)^{1/2} \tag{2.27}$$

を得る（図 2.7 (a)）.

すなわち，$\boldsymbol{k}$ 部分空間にいるクーパー対を壊して，電子が 1 つだけ存在する

---

[9] 正しくは平均場近似を施したことによるエネルギーの増加分を考慮する必要があり，超伝導状態になることによる全系のエネルギーの低下（超伝導凝縮エネルギー）に使われるのはこの一部である. 超伝導凝縮エネルギーは，各々の $\boldsymbol{k}$ でのエネルギー低下をすべての $\boldsymbol{k}$ に関して和をとって，平均場による $\Delta^2/V$ の増加を差し引くことで求められ，$T = 0$ では $\frac{1}{2}N_{\mathrm{n}}(0)\Delta^2$ となる（$N_{\mathrm{n}}(0)$ はノーマル状態におけるフェルミ準位での状態密度）.

状態を作るためには，有限のエネルギー $E_k$ が必要となる．$E_k$ はフェルミ準位上 ($\xi_k = 0$) で最小値 $\Delta$ をとるので，超伝導におけるエネルギーギャップは $\Delta$ となる．ここで考えた状態 $|A'\rangle$, $|B'\rangle$ は準粒子状態と呼ばれ [10]，基底状態 $|G\rangle_k$ からの励起として考えると，電子とホールの両方の性質をもっている．$E_k = E, \xi_k = \xi$ と書き直すと

$$\frac{dE}{d\xi} = \frac{\xi}{(\xi^2 + \Delta^2)^{1/2}} = \frac{(E^2 - \Delta^2)^{1/2}}{E} \tag{2.28}$$

となるので，超伝導体の状態密度 $N_{\rm s}(E)$ は

$$N_{\rm s}(E) \propto \left(\frac{dE}{d\xi}\right)^{-1} = \frac{|E|}{(E^2 - \Delta^2)^{1/2}} \qquad (\text{for} \quad |E| > \Delta) \tag{2.29}$$

となる．ここで，$E$ の値として便宜的に負の値まで含めるために，$E \to |E|$ と変更した．$E < 0, E > 0$ はそれぞれ，ホール的な励起と電子的な励起に対応する．$E = 0$ はフェルミ準位（化学ポテンシャル）に相当する．このように約束することで，トンネル分光や光励起などの遷移過程を 1 電子的に取り扱うことが可能になる．$N_{\rm s}(E)$ は $\Delta = 0$ でノーマル状態の状態密度 $N_{\rm n}(E) \approx N_{\rm n}(0)$ に一致するから，

$$N_{\rm s}(E) = N_{\rm n}(0)\frac{|E|}{(E^2 - \Delta^2)^{1/2}} \qquad (\text{for} \quad |E| > \Delta) \tag{2.30}$$

と表せる．$|E| < \Delta$ では状態は存在しないので，$N_{\rm s}(E) = 0$ である．図 2.7 (b) に示すように $N_{\rm s}(E)$ は $-\Delta < E_k < \Delta$ でギャップを開くとともに，$E = \pm\Delta$ で鋭いピーク構造をもつ．このような特徴的な状態密度は，例えば走査トンネル顕微鏡を用いたトンネル分光測定により観測することができる．

### 2.2.4　超伝導のコヒーレンス

ここで式 (2.19) に戻って，状態 $|A\rangle$ と $|B\rangle$ の共鳴状態についてもう一度考えてみよう．$k$ 部分空間で，状態 $|A\rangle$ の電子数は 0 であり，状態 $|B\rangle$ の電子数は 2 である．すなわち，電子数の異なる状態間で量子力学的な重ね合わせ状態を

---

[10] 正確には，準粒子状態は $|A'\rangle$ または $|B'\rangle$ と他のすべての $k$ 部分空間における基底状態 $|G\rangle_k$ との直積で表される．

作っている．電子数が異なること自体は，図 2.5 (b) からわかるように，電子対の遷移とともに $\boldsymbol{k}$ 部分空間では電子が 2 個単位で生成・消滅を繰り返しているので不思議ではない．

しかしここで，$\boldsymbol{k}$ 部分空間を訪れる電子対はいつも同じものではないことに注意したい．膨大な数の電子対が存在して，それが次から次へとある $\boldsymbol{k}$ 部分空間を訪れては去っていく．1 個の電子の波動関数は時間的・空間的にある範囲内で位相 $\theta$ を保っているが，通常，多数の電子はそれぞれランダムに異なる位相をもっており，量子力学的にコヒーレントな重ね合わせを作ることはできないはずである．このような状況で，共鳴状態を作ってエネルギーを下げるためには，少なくともクーパー対の大きさ程度の範囲ではすべての電子対の位相をそろえる必要がある．この考察によって，超伝導状態はある特定の位相 $\theta$ をもった量子力学的にコヒーレントな状態となることがわかる [11]．

### 2.2.5　超伝導転移温度

これまでの議論では，状態 $|A\rangle$, $|B\rangle$ 間の遷移を表すペアポテンシャル $\Delta$ は天下り的に与えたが，平均場近似の枠組みではこの量はクーパー対の存在確率に依存している．すなわち，低温でクーパー対の形成が進むと，いま注目している $\boldsymbol{k}$ 部分空間へ他の $\boldsymbol{k}'$ 部分空間からクーパー対が頻繁にやってくるようになるので，その平均値に依存して $\Delta$ は大きくなる．逆に，温度が上昇して $T_c$ 近くになると，準粒子励起が増えるためクーパー対の存在確率は減り（図 2.8(a)），$\Delta$ は小さくなる．準粒子励起の確率は統計力学的に決まり，エネルギーギャップ $\Delta$ が小さいほど大きくなるので，$\Delta$ は自己無撞着的に決める必要がある．結果のみを示すと，温度 $T$ における $\Delta(T)$ は次の式で与えられる．

$$\Delta(T) = V \sum_{\boldsymbol{k}} u_{\boldsymbol{k}} v_{\boldsymbol{k}} \left[ 1 - 2f(E_{\boldsymbol{k}}) \right] \tag{2.31}$$

---

[11] 本来，量子力学における波動関数の位相は任意であるにもかかわらず，自発的に位相のそろった状態が実現することを，U(1) 対称性（位相に関する対称性）の破れと呼ぶ．位相 $\theta$ を明示すると，式 (2.20) は $|G\rangle = \prod_{\boldsymbol{k}} \left( u_{\boldsymbol{k}} + v_{\boldsymbol{k}} e^{i\theta} c_{\boldsymbol{k}\uparrow}^{\dagger} c_{-\boldsymbol{k}\downarrow}^{\dagger} \right) |0\rangle$ となる．この代償として，BCS 状態では粒子数が一定ではない．これは，式 (2.20) を展開して $|G\rangle = \prod_{\boldsymbol{k}} u_{\boldsymbol{k}}|0\rangle + \sum_{\boldsymbol{k}} \left( \prod_{\boldsymbol{k}' \neq \boldsymbol{k}} u_{\boldsymbol{k}'} v_{\boldsymbol{k}} c_{\boldsymbol{k}\uparrow}^{\dagger} c_{-\boldsymbol{k}\downarrow}^{\dagger} |0\rangle \right) \cdots$ のように表すと，電子数が $0, 2, 4, \cdots$ 個の状態の重ね合わせであることからもわかる．

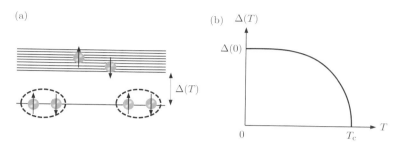

**図 2.8** (a) クーパー対, 準粒子励起, およびエネルギーギャップ $\Delta$ の概念図. (b) $\Delta(T)$ の温度依存性.

$$= V \sum_{\boldsymbol{k}} \frac{\Delta}{2E_{\boldsymbol{k}}} \tanh \frac{E_{\boldsymbol{k}}}{2k_{\mathrm{B}}T} \tag{2.32}$$

ここで, $V$ は式 (2.17) での $V$ と同じものであり, 電子間の相互作用定数に相当する. $f(E)$ は化学ポテンシャル $\mu = 0$ としたフェルミ分布関数, $E_{\boldsymbol{k}}$ は式 (2.27) で与えられる準粒子の励起エネルギーである. 図 2.8(b) に, $T$ の関数としての $\Delta(T)$ を示す. 超伝導転移温度 $T_{\mathrm{c}}$ は, 式 (2.32) において $\Delta(T_{\mathrm{c}}) = 0$ とおくことで求めることができ, 以下の関係式を得る.

$$k_{\mathrm{B}}T_{\mathrm{c}} = 1.13\hbar\omega_{\mathrm{c}} \exp\left(-\frac{1}{N_{\mathrm{n}}(0)V}\right) \tag{2.33}$$

$$\Delta(0) = 1.76k_{\mathrm{B}}T_{\mathrm{c}} \tag{2.34}$$

ここで $\omega_{\mathrm{c}}$ はフォノンのデバイ周波数である. $\Delta(0)$ と $T_{\mathrm{c}}$ の関係は従来型の超伝導体においてよく確認されており, 比例係数は BCS 理論から得られるものに近い.

### 2.2.6 ロンドン方程式の導出

最後に, BCS 理論を用いたロンドン方程式 (2.4) の導出について簡単に述べておく. 波数 $\boldsymbol{q}$ で変調された磁場が超伝導体に印加されている状況を考える. ロンドンゲージ $\nabla \cdot \boldsymbol{A} = 0$ におけるベクトルポテンシャル $\boldsymbol{A}$ を含む摂動ハミルトニアンは, 場の演算子 $\psi_\sigma^\dagger, \psi_\sigma$ を用いて,

$$H' = \frac{ie\hbar}{m} \int d\boldsymbol{r} \sum_\sigma \psi_\sigma^\dagger(\boldsymbol{r}) \boldsymbol{A}(\boldsymbol{r}) \cdot \nabla \psi_\sigma(\boldsymbol{r}) \tag{2.35}$$

と表される．次に，BCS 基底状態 $|G\rangle$ から出発して $H'$ の 1 次の摂動を受けた
基底状態 $|G'\rangle$ を計算する．

$$|G'\rangle = |G\rangle - \sum_{\phi \neq G} \frac{|\phi\rangle \langle \phi | H' | G \rangle}{E_\phi - E_G} \tag{2.36}$$

ここで $|\phi\rangle$ は準粒子励起状態を表す．超伝導エネルギーギャップ $\Delta$ の存在のた
めに，$\Delta$ より十分に小さなエネルギースケールの摂動に対して上式は成り立つ．
電流密度の演算子表示

$$\hat{\boldsymbol{J}}(\boldsymbol{r}) = \frac{eh}{2mi} \sum_\sigma \left[ \psi_\sigma^\dagger(\boldsymbol{r}) \nabla \psi_\sigma(\boldsymbol{r}) - (\nabla \psi_\sigma^\dagger(\boldsymbol{r})) \psi_\sigma(\boldsymbol{r}) \right] - \frac{e^2}{m} \boldsymbol{A}(\boldsymbol{r}) \sum_\sigma \psi_\sigma^\dagger(\boldsymbol{r}) \psi_\sigma(\boldsymbol{r})$$

$$\equiv \hat{\boldsymbol{J}}_0(\boldsymbol{r}) - \frac{e^2}{m} \boldsymbol{A}(\boldsymbol{r}) \sum_\sigma \psi_\sigma^\dagger(\boldsymbol{r}) \psi_\sigma(\boldsymbol{r}) \tag{2.37}$$

を $|G'\rangle$ に関して期待値をとったものが，$T = 0$ で観測される超伝導電流密度 $\boldsymbol{J}$
となる [12]．ここで，$\boldsymbol{q} = 0$ では $|G'\rangle = |G\rangle$ であることが示されるので，

$$\begin{aligned}
\boldsymbol{J} &= \langle G' | \hat{\boldsymbol{J}} | G' \rangle = \langle G | \hat{\boldsymbol{J}} | G \rangle \\
&= \langle G | \hat{\boldsymbol{J}}_0(\boldsymbol{r}) | G \rangle + \langle G | \left( -\frac{e^2}{m} \boldsymbol{A} \sum_\sigma \psi_\sigma^\dagger(\boldsymbol{r}) \psi_\sigma(\boldsymbol{r}) \right) | G \rangle \\
&= \langle G | \left( -\frac{e^2}{m} \boldsymbol{A} \sum_\sigma \psi_\sigma^\dagger(\boldsymbol{r}) \psi_\sigma(\boldsymbol{r}) \right) | G \rangle = -\frac{n_s e^2}{m} \boldsymbol{A}
\end{aligned} \tag{2.38}$$

となり，式 (2.7) と組み合わせるとロンドン方程式 (2.4) が再現される．ここで，
$\boldsymbol{A} = 0$ に対して $\langle G | \hat{\boldsymbol{J}}_0 | G \rangle = 0$ となることを用いた．よって，超伝導の最も基
本的な性質であるゼロ抵抗とマイスナー効果が BCS 理論により説明できたこ
とになる．

　$\boldsymbol{q} \neq 0$ の場合は，基底状態が摂動を受けるために ($|G'\rangle \neq |G\rangle$)，超伝導電流
の応答は式 (2.38) より弱くなり，磁場に対する超伝導電流の応答は非局所的に
なる．

---

[12] 実際の計算では，場の演算子 $\psi_\sigma^\dagger, \psi_\sigma$ を生成消滅演算子 $c_{\boldsymbol{k}_\sigma}^\dagger, c_{\boldsymbol{k}_\sigma}$ のフーリエ和の形に
　　変換して，$\boldsymbol{A}, \hat{\boldsymbol{J}}$ の波数 $\boldsymbol{q}$ の成分に関して計算する．

**2.3**    GL 理論

　ギンツブルグ・ランダウ (GL) 理論では，超伝導の微視的機構を忘れて，系全体を現象論的に扱う．GL 理論は臨界磁場などの超伝導の熱力学的性質を記述するだけではなく，系の秩序変数をクーパー対の重心の波動関数と解釈することにより，超伝導の量子力学的な性質を説明することができる．この章で述べる系のエネルギーの表式やボルテックスの性質などは，第 3 章で述べる超伝導のゆらぎに関する現象を理解する基礎となる．

### 2.3.1 GL 理論の形式

　GL 理論では，相転移を記述する秩序変数を用いて，超伝導体の熱力学的自由エネルギーを表すことから出発する．BCS 理論で導入したペアポテンシャル $\Delta$ はノーマル状態ではゼロで，$T < T_c$ でクーパー対が発達するにつれて大きくなる量なので，秩序変数としては自然な量と考えられる．一般に空間的な変化を許す非一様な系を考え，ペアポテンシャル $\Delta(\boldsymbol{r})$ に比例した量 $\Psi(\boldsymbol{r})$ を秩序変数として導入する [13]．磁場を表すベクトルポテンシャル $\boldsymbol{A}(\boldsymbol{r})$ のもとでは，$\Psi(\boldsymbol{r})$ は一般に複素数となる．このとき物理的な考察から，$T_c$ 近傍で $|\Psi(\boldsymbol{r})|$ とベクトルポテンシャル $\boldsymbol{A}(\boldsymbol{r})$ が空間的にゆっくりと変化するとした近似のもとで，以下の自由エネルギー密度 $f$ が求められる．

$$f(\Psi(\boldsymbol{r}), \boldsymbol{A}(\boldsymbol{r})) = f_{\mathrm{n}} + \alpha(T)|\Psi(\boldsymbol{r})|^2 + \frac{\beta(T)}{2}|\Psi(\boldsymbol{r})|^4 \tag{2.39}$$
$$+ \frac{\hbar^2}{2m^*}\left|\left(\frac{\nabla}{i} - \frac{e^*}{\hbar}\boldsymbol{A}(\boldsymbol{r})\right)\Psi(\boldsymbol{r})\right|^2 + \frac{1}{2\mu_0}\left(\nabla \times \boldsymbol{A}(\boldsymbol{r})\right)^2$$

ただし，後での議論のために $e^* = 2e, m^* = 2m$ とおいた．ここで示した $f$ は GL 自由エネルギー密度と呼ばれる．

　上式の第 1 項はノーマル状態での自由エネルギーを表し，第 2 項と第 3 項は超伝導状態になることによるエネルギーの低下を表す．$\alpha, \beta$ は物質に依存する

---

[13] この場合，$\Psi(\boldsymbol{r})$ は BCS 理論とは違ってエネルギーギャップには直接対応しない量になる．秩序変数 $\Psi(\boldsymbol{r})$ とペアポテンシャル $\Delta(\boldsymbol{r})$ の間の比例係数は BCS 理論を拡張した微視的理論により与えられる．

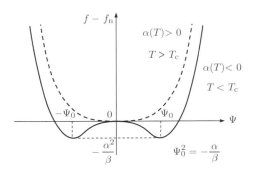

**図 2.9**　GL 自由エネルギー密度 $f$ の $\Psi$ 依存性を示す図. $\Psi$ は実数とした.

パラメータであり，熱学的臨界磁場 $B_c$ や侵入長 $\lambda$ などを用いて表すことができる. $\alpha$ は $T_c$ を境界にして符号を変え，$T > T_c$ で $\alpha > 0$, $T < T_c$ で $\alpha < 0$ となる. 一方，$\beta$ はあまり温度には依存せず常に正である. これから，一様な系に対して自由エネルギーを最小にする秩序変数 $\Psi$ を求めると，$T > T_c$ では $\Psi = 0$ であり，これはノーマル状態に対応する. 一方，$T < T_c$ では $\Psi = (|\alpha|/\beta)^{1/2}$ となって，エネルギーをノーマル状態から $\alpha^2/\beta = (1/2\mu_0)B_c^2$ だけ下げた超伝導状態へと相転移することを示す（図 2.9）. 第 4 項は後述するようにクーパー対の運動エネルギーを表し，第 5 項は $\boldsymbol{B} = \nabla \times \boldsymbol{A}$ を代入するとわかるように磁場のエネルギーを表す.

　全系の自由エネルギー $F[\Psi(\boldsymbol{r}), \boldsymbol{A}(\boldsymbol{r})]$ は $f$ の体積積分として表される.

$$F[\Psi(\boldsymbol{r}), \boldsymbol{A}(\boldsymbol{r})] = \int_V d\boldsymbol{r} f(\Psi(\boldsymbol{r}), \boldsymbol{A}(\boldsymbol{r})) \tag{2.40}$$

変分 $\Psi^*(\boldsymbol{r}) \rightarrow \Psi^*(\boldsymbol{r}) + \delta\Psi^*(\boldsymbol{r}), \boldsymbol{A}(\boldsymbol{r}) \rightarrow \boldsymbol{A}(\boldsymbol{r}) + \delta\boldsymbol{A}(\boldsymbol{r})$ に対する $F$ の変分 $F \rightarrow F + \delta F$ を考え，$F$ が最小となるように $\delta F = 0$ の条件を課すと，連立微分方程式としての GL 方程式を得る[14].

$$\alpha\Psi(\boldsymbol{r}) + \beta|\Psi(\boldsymbol{r})|^2\Psi(\boldsymbol{r}) + \frac{\hbar^2}{2m^*}\left(\frac{\nabla}{i} - \frac{e^*}{\hbar}\boldsymbol{A}(\boldsymbol{r})\right)^2\Psi(\boldsymbol{r}) = 0 \tag{2.41}$$

$$\frac{1}{\mu_0}\nabla \times (\nabla \times \boldsymbol{A}(\boldsymbol{r})) = \frac{e^*\hbar}{2m^*i}\left[\Psi(\boldsymbol{r})^*\nabla\Psi(\boldsymbol{r}) - (\nabla\Psi(\boldsymbol{r}))^*\Psi(\boldsymbol{r})\right]$$

---

[14] このとき，境界 $S$ を通過する電流がゼロであることに対応する境界条件を課す.

$$-\frac{e^{*2}}{m^*}|\Psi(\boldsymbol{r})|^2\boldsymbol{A}(\boldsymbol{r}) \tag{2.42}$$

$\Psi(\boldsymbol{r})$ を実際に求めるには，適当な境界条件を課して GL 方程式を解くことになる．または，具体的に GL 自由エネルギー $F$ を計算して，$F$ が最小になるような $\Psi(\boldsymbol{r})$ を求めてもよい．

　GL 方程式において $e^* = 2e, m^* = 2m$ をそれぞれクーパー対の電荷と質量とみなすと，秩序変数 $\Psi(\boldsymbol{r})$ はクーパー対の重心の波動関数として解釈できる．このとき，$\Psi(\boldsymbol{r}) = |\Psi(\boldsymbol{r})|e^{i\theta(\boldsymbol{r})}$ とすると，

$$n_s(\boldsymbol{r}) \equiv |\Psi(\boldsymbol{r})|^2 \tag{2.43}$$

$$\boldsymbol{v}_s(\boldsymbol{r}) \equiv \frac{1}{m^*}\left(\hbar\nabla\theta(\boldsymbol{r}) - e^*\boldsymbol{A}(\boldsymbol{r})\right) \tag{2.44}$$

はそれぞれ，点 $\boldsymbol{r}$ におけるクーパー対の密度と速度とみなせる．$n_s$ は一般に超流動密度と呼ばれる[15]．実際，式 (2.42) を $\boldsymbol{B} = \nabla \times \boldsymbol{A}$ と定常状態でのマクスウェル方程式 $\boldsymbol{J} = (1/\mu_0)\nabla \times \boldsymbol{B}$（$\boldsymbol{J}$: 電流密度）を用いて書き直すと，

$$\begin{aligned}
\boldsymbol{J}(\boldsymbol{r}) &= \frac{e^*\hbar}{2m^*i}\left(\Psi(\boldsymbol{r})^*\nabla\Psi(\boldsymbol{r}) - \Psi(\boldsymbol{r})\nabla\Psi(\boldsymbol{r})^*\right) - \frac{e^{*2}}{m^*}|\Psi(\boldsymbol{r})|^2\boldsymbol{A}(\boldsymbol{r}) \\
&= \frac{e^*}{m^*}|\Psi(\boldsymbol{r})|^2\left(\hbar\nabla\theta(\boldsymbol{r}) - e^*\boldsymbol{A}(\boldsymbol{r})\right) \\
&= e^*n_s(\boldsymbol{r})\boldsymbol{v}_s(\boldsymbol{r}) \tag{2.45}
\end{aligned}$$

となり，シュレディンガー方程式から導かれる電流の表式と完全に一致する[16]．このために $\Psi(\boldsymbol{r})$ は巨視的波動関数とも呼ばれる．量子力学での表式と比較すると，自由エネルギー $f$ の表式中の第 4 項はクーパー対の運動エネルギーを表すことがわかる．

　以下，GL 理論から導かれる重要な結論について簡単に紹介する．

---

[15) GL 方程式における質量 $m^*$ の定義には任意性があり，そのため $|\Psi|^2$ の大きさにも任意性がある．また，不純物散乱は一般に超流動密度 $n_s$ の値を減少させる．$n_s$ は文字どおりにクーパー対の密度として考えるのではなく，式 (2.7) を通じて，侵入長の測定により実験的に決定されるパラメータ（磁場に対する超伝導電流の応答の強さ）として考えるべきである．

16) 位相 $\theta$ を一定とする（同時にベクトルポテンシャルのゲージを変更する）と，式 (2.45) は $\boldsymbol{J} = -(e^{*2}/m^*)|\Psi|^2\boldsymbol{A}$ となり，ロンドン方程式 (2.4) が再現される．

### 2.3.2　GL コヒーレンス長と巨視的なコヒーレンス

ゼロ磁場の場合を考え，$\boldsymbol{A} = 0$ とする．先にならって巨視的波動関数を $\Psi(\boldsymbol{r}) = |\Psi(\boldsymbol{r})|e^{i\theta(\boldsymbol{r})}$ と書き直すと，式 (2.40) におけるクーパー対の運動エネルギーの項 $K$ は次のようになる．

$$K = \frac{\hbar^2}{2m^*}\left(\nabla|\Psi(\boldsymbol{r})|\right)^2 + \frac{\hbar^2}{2m^*}|\Psi(\boldsymbol{r})|^2(\nabla\theta(\boldsymbol{r}))^2 \tag{2.46}$$

第 1 項は，振幅 $|\Psi(\boldsymbol{r})|$ の空間変化に伴うエネルギー増加を示している．これは，急激な $|\Psi(\boldsymbol{r})|$ の空間変化は超伝導にとって不利であることを意味する．

GL 方程式の解によると，この空間変化スケールは

$$\xi_{\mathrm{GL}}(T) \equiv \left(\frac{\hbar^2}{2m^*|\alpha(T)|}\right)^{1/2} \tag{2.47}$$

であることが示され，これを GL コヒーレンス長と呼ぶ．不純物のないクリーンな系の GL コヒーレンス長 $\xi_{\mathrm{GL}}(T)$ は，$T = 0$ では 2.2.1 項で求めたクーパー対の大きさと同じ程度であり，$T_{\mathrm{c}}$ 近傍では $(1 - T/T_{\mathrm{c}})^{-1/2}$ に比例して大きくなる．

式 (2.46) の第 2 項は，位相 $\theta$ の空間変化に伴うエネルギー増加を示している．これは，量子力学において波動関数の位相の空間変化が粒子の流れに対応することを思い出すと理解しやすい．この項のため，超伝導体中ではクーパー対は運動エネルギーを下げるために位相をそろえようとし，その結果，巨視的なスケールで超伝導のコヒーレンスが出現する[17]．

### 2.3.3　ジョセフソン効果

2 つの超伝導体が近接していて，トンネル接合やノーマル金属を介した接合，あるいは点接触や細いくびれなどによって弱く結合した構造をジョセフソン (Josephson) 接合と呼ぶ．超伝導体は十分に大きく，固定された秩序変数の振幅 $\Psi_0$ と位相 $\theta_1, \theta_2$ をもつとすると，この間の電圧 $V$ がゼロのときには位相差

---

[17] これを別の言葉で表現すると，超伝導状態では波動関数の位相が「固体化」しているといえる．マイスナー効果などの超伝導の本質的な特徴が位相の固体化によって起こることは，永長直人「物質の中の宇宙論—電子系における量子位相」[6] などで強調されている．

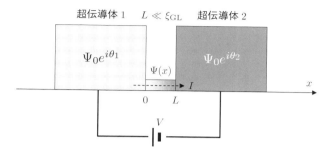

図 **2.10**　ジョセフソン接合を示す模式図.

$\Delta\theta = \theta_2 - \theta_1$ に依存した超伝導電流が流れる.この現象は直流ジョセフソン効果と呼ばれる.

　簡単な例として,$V = 0$ およびゼロ磁場 ($\boldsymbol{A} = 0$) のもとで,図 2.10 のように 2 つの超伝導体の間を短い細線が架橋している場合を考えよう.細線の長さ $L$ は GL コヒーレンス長 $\xi_{\mathrm{GL}}$ よりも十分に短いとする ($L \ll \xi_{\mathrm{GL}}$).このとき,GL 方程式 (2.41) と境界条件 $\Psi(0) = \Psi_0 e^{i\theta_1}$,$\Psi(L) = \Psi_0 e^{i\theta_2}$ を近似的に満たす解として,$\Psi(x) = (1 - x/L)\Psi_0 e^{i\theta_1} + (x/L)\Psi_0 e^{i\theta_2}$ が得られる.この解を超伝導電流の表式 (2.45) に代入すると,電流密度 $J$ として次の関係式が得られる.

$$J = \frac{e^* \hbar \Psi_0^2}{m^* L} \sin \Delta\theta \qquad (2.48)$$

$$\equiv J_{\mathrm{c}} \sin \Delta\theta \qquad (2.49)$$

ここで $J_{\mathrm{c}}$ はジョセフソン接合の臨界電流値にあたる.一般の場合には,式 (2.49) は変更を受けるが,$J$ は $\Delta\theta$ に関する周期 $2\pi$ の周期関数となることは同じである.

　超伝導体間の電圧 $V$ が有限の場合には,さらに驚くべき現象が見られる.超伝導体 $n(= 1, 2)$ に含まれるクーパー対のエネルギー（電位による寄与を含む）を $E_n$,時間を $t$ とすると,それぞれのクーパー対の波動関数は $\exp(-iE_n t/\hbar)$ のように変化するから,位相成分 $\theta_n$ は

$$\theta_n = -\frac{E_n t}{\hbar} + \mathrm{const.} \qquad (2.50)$$

のように表される.クーパー対の位相は超伝導秩序変数の位相に等しいので,2

つの超伝導体間の位相差 $\Delta\theta$ に関して次の式が成り立つ.

$$\Delta\theta = \theta_2 - \theta_1 = -\frac{(E_2 - E_1)t}{\hbar} = \frac{2eVt}{\hbar} \tag{2.51}$$

ここで $E_1 - E_2 = e^*V = 2eV$ の関係式を用いた. 式 (2.51) を式 (2.48) に代入することで,電流 $J$ は時間 $t$ の関数として振動数 $2eV/h$ で振動することが導かれる. すなわち,直流電圧を印加することで,交流の超伝導電流が流れる. この現象は交流ジョセフソン効果と呼ばれる.

### 2.3.4 第 II 種超伝導体と上部臨界磁場 $B_{c2}$

2.3.2 項で述べた GL コヒーレンス長 $\xi_{GL}$ は物質によって数 nm から 1000 nm 程度までと大きく異なり,不純物散乱にも大きな影響を受ける. これに比べて侵入長 $\lambda$ は典型的に数百 nm のオーダーであり,あまり強い物質依存性はない. これらのスケールの間の大小関係は,超伝導体の磁気的な性質に大きな影響を与える.

図 2.11 のように,超伝導体に磁場が印加されてその一部分がノーマル状態に転移した状況を考えよう. $\lambda \ll \xi_{GL}$ の場合は磁場は超伝導体から強く排除されるため,磁気エネルギーによる自由エネルギーの増加が大きい [18]. また,$\Psi$ の空間変化スケールを表す $\xi_{GL}$ が大きいため境界付近では $\Psi$ が小さく,超伝導の凝縮エネルギーを損をしている. このため界面での自由エネルギーの変化分は正となり,磁場の侵入をできるだけ排除しようとして通常のマイスナー効果が起こる. このような超伝導体を,第 I 種超伝導体と呼ぶ.

一方で,$\lambda \gg \xi_{GL}$ の場合は磁気エネルギーによる自由エネルギーの増加が少なく,逆に界面近傍ですぐに $\Psi$ が大きくなるため,超伝導の凝縮エネルギーは大きくなる. この場合は界面での自由エネルギーの変化分は負になり,系全体のエネルギーを下げるために磁束の侵入が自発的に起こる. 侵入した磁束は,界面の領域をできるだけ増やそうとして,超伝導体内部における最小単位にまで細かく分割される. すなわち,マイスナー効果は完全な形では起こらない.

---

[18] ここでは外部磁場 $B_a$ 一定の条件を課しているため,適切な熱力学的関数は $B_a$ を独立変数にもつ自由エネルギー密度 $g$ である. 式 (2.39) の $f$ は超伝導体中の磁場(正確には磁束密度)$B$ を独立変数にもつ自由エネルギー密度を表しており,両者の間には $g = f - (1/\mu_0)BB_a$ の関係がある.

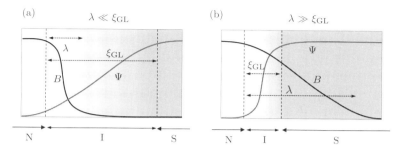

図 **2.11**　超伝導領域 (S) とノーマル領域 (N) および中間領域 (I) を示す模式図.
(a) $\lambda \ll \xi_{\mathrm{GL}}$ の場合（第 I 種超伝導体）．(b) $\lambda \gg \xi_{\mathrm{GL}}$ の場合（第 II 種超伝導体）.

このような超伝導体を，第 II 種超伝導体と呼ぶ.

　定量的な計算によると，これらの 2 つの境界は $\kappa \equiv \lambda / \xi_{\mathrm{GL}} = 1/\sqrt{2}$ にあり，$\kappa < 1/\sqrt{2}$ で第 I 種超伝導体に，$\kappa > 1/\sqrt{2}$ で第 II 種超伝導体になる.第 II 種超伝導体では磁束が侵入しても残りの領域は超伝導状態を保つことができるため，完全に超伝導を破壊するのに必要な磁場の値は非常に大きい.これを上部臨界磁場 $B_{\mathrm{c2}}$ と呼び，GL 方程式の解から

$$B_{\mathrm{c2}} = \frac{\Phi_0}{2\pi \xi_{\mathrm{GL}}^2} \tag{2.52}$$

が得られる.一方，超伝導体内への磁束が侵入が始まる磁場の値を下部臨界磁場 $B_{\mathrm{c1}}$ と呼ぶ.第 II 種超伝導体では，$B_{\mathrm{c1}} < B_{\mathrm{c}} < B_{\mathrm{c2}}$ となる.

## 2.3.5　ボルテックス

　第 II 種超伝導体には磁束が侵入することを述べたが，この磁束を周囲の超伝導領域から排除するために，中心から侵入長 $\lambda$ の距離にわたって渦状の超伝導遮蔽電流が流れる.この渦状電流の構造をボルテックス（vortex, 渦糸）と呼ぶ（図 2.12 (a)）.いま，円筒座標系をとって中心からの距離を $r$ とおこう.ボルテックスの中心付近では超伝導電流の速度が非常に大きくなっており，そのため $r < \xi_{\mathrm{GL}}$ の範囲では超伝導の秩序変数 $\Psi$ は抑制され，ノーマル状態に近くなっている.この領域は，ボルテックスの芯（コア）と呼ばれる.$r = 0$ の中心では $\Psi = 0$ となり，完全に超伝導は抑制される.

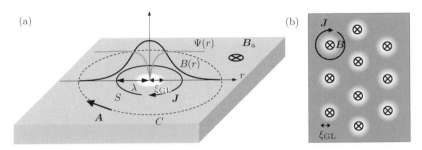

**図 2.12**    (a) ボルテックスの概念図．中心の半径 $\xi_{\mathrm{GL}}$ の白い領域は超伝導が抑制されてノーマル状態に近くなったボルテックスの芯を示す．S は経路 C で囲まれた領域を指す．(b) ボルテックスの三角格子の概念図．

ボルテックスを貫く磁束の大きさ $\Phi$ は次のようにして求めることができる．図 2.12(a) のように，ボルテックスを取り囲む経路 C を考え，その半径を侵入長 $\lambda$ よりも十分に大きくとる．経路 C の上では超伝導電流 $\boldsymbol{J}$ および磁場 $\boldsymbol{B}$ はゼロであるが，ベクトルポテンシャル $\boldsymbol{A}$ は存在する [19]．このとき，式 (2.45) に $\boldsymbol{J}=0$ を代入すると $\nabla\theta = (e^*/\hbar)\boldsymbol{A} = (2e/\hbar)\boldsymbol{A}$ となり，$\nabla\theta$ を経路 C に沿って周回積分すると，$\theta$ の変化分として

$$\Delta\theta = \frac{2e}{\hbar}\oint_C \boldsymbol{A}\cdot d\boldsymbol{l} = \frac{2e}{\hbar}\int_S (\nabla\times\boldsymbol{A})\cdot d\boldsymbol{S} = \frac{2e}{\hbar}\int_S \boldsymbol{B}\cdot d\boldsymbol{S} = \frac{2e}{\hbar}\Phi \quad (2.53)$$

が得られる．ここでストークスの定理を用いた．秩序変数 $\Psi$ の一価性により，$\Delta\theta = 2\pi n$（$n$: 整数）が要請されるので，式 (2.53) から磁束は $\Phi = (h/2e)n$ と量子化される．磁束は最小単位に分割されるのだから，

$$\Phi_0 \equiv h/2e \quad (2.54)$$

がボルテックスを貫く量子化磁束の大きさである．

2つのボルテックスが侵入長 $\lambda$ 程度の距離に接近すると電流と磁場の重なりにより，エネルギーが増加する．このために，ボルテックス間には互いに反発する力が働く．ボルテックス間の相互作用エネルギーを最小にするために，通常はボルテックスは三角格子の配列をとる（図 2.12 (b)）．印加磁場 $B_{\mathrm{a}}$ が大き

---

[19] ここではロンドンゲージを用いないため，ベクトルポテンシャル $\boldsymbol{A}$ と超伝導電流 $\boldsymbol{J}$ は比例しないことに注意する．

くなり，ボルテックスの芯が重なり合うようになると，すべての領域で超伝導が破壊され，ノーマル状態に相転移する．芯の半径をおよそ $\xi_{\text{GL}}$ として，その面積を $S = \pi\xi_{\text{GL}}^2$ と見積もると，1 つのボルテックスには量子磁束 $\Phi_0$ が付随するから，このときの磁場は $B_{\text{a}} = \Phi_0/S = \Phi_0/\pi\xi_{\text{GL}}^2$ となる．この値は，GL 方程式から求められる上部臨界磁場 $B_{c2} = \Phi_0/2\pi\xi_{\text{GL}}^2$ と係数を除いて一致する．

### 2.3.6　ローレンツ力とエネルギー散逸

上述したボルテックス間に働く反発力を一般化すると，孤立したボルテックスが外部電流の中に置かれたときに受ける力を求めることができる．電流を $\boldsymbol{J}$，磁場の向き（平面垂直方向）の単位ベクトルを $\boldsymbol{e}_z$ とすると，ボルテックスが電流から受ける力 $\boldsymbol{f}$ は次の式で与えられる．

$$\boldsymbol{f} = \boldsymbol{J} \times \Phi_0 \boldsymbol{e}_z \tag{2.55}$$

この力をローレンツ力と呼び，磁場と電流の両方に直交した方向に働く（図 2.13）．試料中にボルテックスをピン止めする機構が存在しない場合は，ボルテックスはローレンツ力によって移動する．ボルテックスが移動することはそれに付随して磁場が移動することを意味するため，電磁誘導の法則によって電流と同じ方向に電場が発生し，ジュール熱によってエネルギー散逸が起こる．すなわち，超伝導体はもはや完全なゼロ抵抗を示さなくなる．

図 2.13 のように，印加磁場 $B$ によって発生したボルテックスが幅 $d$ の試料中を速度 $v$ で移動しているときに，電流端子間に発生する電圧 $V$ を求めてみよう．ある時刻 $t_0$ から $t$ までの間に試料の断面を通過したボルテックスの数を $N_{\text{v}}$ とすると，ボルテックスの面密度は $B/\Phi_0$ だから，その時間微分 $dN_{\text{v}}/dt$ に関して次の式が成り立つ．

$$\frac{dN_{\text{v}}}{dt} = v\left(\frac{B}{\Phi_0}\right)d = \frac{Ed}{\Phi_0} = \frac{V}{\Phi_0} \tag{2.56}$$

ここで，電磁誘導の法則から導かれる $E = vB$ の関係式を用いた．よって，電圧 $V$ は次の式で与えられる [20]．

---

[20] この関係式は，ボルテックスが 1 個通過するたびに端子間の位相差 $\Delta\theta$ が $2\pi$ だけ変化することを用いて，交流ジョセフソン効果を示す式 $V = (\hbar/2e)d\Delta\theta/dt$ からも導かれる．

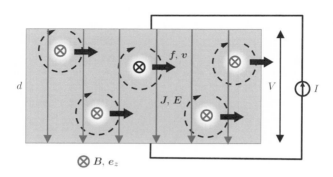

**図 2.13**　ローレンツ力およびボルテックスの移動による電圧の発生を示す模式図.

$$V = \Phi_0 \frac{dN_\mathrm{v}}{dt} = \frac{h}{2e} \frac{dN_\mathrm{v}}{dt} \tag{2.57}$$

ボルテックスの移動によって発生するジュール熱は，端子間の電流を $I$ として $IV$ となる.

### 2.3.7　2 次元超伝導体の磁気的性質

ここでは，直感的な議論を用いて，侵入長 $\lambda$ に比べて十分に薄い 2 次元超伝導体（厚さ $d \ll \lambda$）の磁気的性質をまとめておく.

まず，2 次元系の面直方向に磁場を印加した場合を考える[21]. 当然，磁場を遮蔽するために式 (2.4) に従って面内に超伝導電流が流れるが，本来ならば侵入長 $\lambda$ の距離にわたって超伝導電流の応答があるにもかかわらず，面直方向には超伝導体が $d$ の厚さでしか存在しない. よって，超伝導電流の応答は $d/\lambda$ の割合だけ弱くなり，磁場を遮蔽するためにはこの逆数の $\lambda/d$ 倍の距離が必要になる. このときの実効的な侵入長を $\lambda_\perp$ とすると，

$$\lambda_\perp \approx \lambda(\lambda/d) = \lambda^2/d \tag{2.58}$$

となる.

$d \ll \lambda$ の場合には，$\lambda_\perp$ は容易に GL コヒーレンス長 $\xi_{GL}$ よりも大きくなるため，第 I 種超伝導体であっても磁束はボルテックスを発生させて超伝導体に

---

[21] 面直方向とは，ある平面に対する垂直（法線）方向を意味する. 一般的な用語ではないが，物理学の専門分野ではよく用いられる.

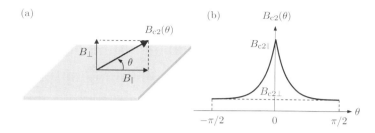

図 **2.14**　(a) 一般の角度 $\theta$ における臨界磁場 $B_{c2}(\theta)$. (b) 2 次元薄膜超伝導体の臨界磁場 $B_{c2}(\theta)$ の角度依存性.

侵入できるようになる. すなわち, $d \to 0$ の 2 次元極限では, すべての超伝導体は第 II 種超伝導体として振る舞い, その面直臨界磁場 $B_{c2\perp}$ は

$$B_{c2\perp} = \frac{\Phi_0}{2\pi\xi_{\mathrm{GL}}^2} \tag{2.59}$$

である. $d \ll \lambda$ では実効侵入長 $\lambda_\perp$ が非常に大きくなるため, 磁束と渦電流の存在する範囲としてのボルテックスのサイズも極めて大きくなる. よって近接するボルテックスが互いに強く重なり合うようになるが, ボルテックス 1 個あたりの磁束は, $\Phi_0 = h/2e$ で同じである. また, ボルテックス中心のノーマル的な領域の範囲は $\xi_{\mathrm{GL}}$ のままで変更はない.

　次に, 2 次元系の面内方向に磁場を印加した場合を考える. 2.1.3 項で示したように, この場合, 系全体に磁場が侵入するので磁気エネルギーによる自由エネルギーの増加がほとんど存在しない. 次節で述べるスピンの効果を考えない場合, 超伝導の破壊は, 磁場の印加によって流れる超伝導電流の運動エネルギーによって生じる. GL 理論によると, 面内方向の臨界磁場 $B_{c2\parallel}$ は

$$B_{c2\parallel} = \sqrt{24}\left(\frac{\lambda}{d}\right)B_c \quad (\gg B_c) \tag{2.60}$$

となる. この値は式 (2.14) のロンドン理論での値より $\sqrt{2}$ 倍だけ大きいが, これは GL 理論では秩序変数に関する非線形なエネルギー項が取り入れられているためで, 式 (2.60) の方がより正確である.

　面内臨界磁場 $B_{c2\parallel}$ は面直臨界磁場 $B_{c2\perp}$ よりもはるかに大きな値になりうる. 図 2.14 (a) に示すように面内方向に対して角度 $\theta$ で磁場を印加した場合の

臨界磁場 $B_{c2}(\theta)$ はこれらの中間の値になり，以下の式で与えられる．

$$\left| \frac{B_{c2}(\theta)\sin\theta}{B_{c2\perp}} \right| + \left( \frac{B_{c2}(\theta)\cos\theta}{B_{c2\|}} \right)^2 = 1 \tag{2.61}$$

$B_{c2}(\theta)$ は $\theta = 0$ で急激な折れ曲がりをもつカスプ型の $\theta$ 依存性を示す（図 2.14 (b)）．この式はティンカム (Tinkham) 公式と呼ばれ，超伝導体の 2 次元性の検証にしばしば用いられる．

## 2.4　超伝導の破壊機構と臨界磁場

### 2.4.1　軌道対破壊効果

前節で示したように，厚さ $d \ll \lambda$ の 2 次元薄膜に面直方向と面内方向に磁場を印加すると臨界磁場の大きさは異なるが，どちらの場合も最終的に超伝導電流の運動エネルギーによって超伝導は破壊される．この現象をクーパー対の観点から微視的な機構に基づいて説明すると以下のようになる．

まず，ベクトルポテンシャル $\boldsymbol{A}$ が存在するとき，電子の運動を半古典的に扱って運動量を $\hbar\boldsymbol{k}$ とすると，1 電子ハミルトニアンの運動エネルギー項は

$$H = \frac{1}{2m}\left(\hbar\boldsymbol{k} - e\boldsymbol{A}\right)^2 \approx \frac{\hbar^2\boldsymbol{k}^2}{2m} - \frac{e\hbar}{m}\boldsymbol{k}\cdot\boldsymbol{A} \tag{2.62}$$

となる．ただし，$\boldsymbol{A}$ の 2 次の項を無視した．クーパー対を形成している 2 つの電子の運動量は $\hbar\boldsymbol{k}, -\hbar\boldsymbol{k}$ であるから，$\boldsymbol{A}$ によるエネルギーの変化は $\pm(e\hbar/m)\boldsymbol{k}\cdot\boldsymbol{A}$ であり，エネルギー差は $\Delta E = (2e\hbar/m)\boldsymbol{k}\cdot\boldsymbol{A}$ である．エネルギー $E$ の電子の波動関数は時間 $t$ の関数として $\exp(-iEt/\hbar)$ のように変化するから，エネルギー差 $\Delta E$ による 2 つの電子の位相差 $\Delta\theta$ の時間変化は次の式で表せる．

$$\frac{d\Delta\theta}{dt} = -\frac{1}{\hbar}\Delta E = -\left(\frac{2e}{m}\right)\boldsymbol{k}\cdot\boldsymbol{A} \tag{2.63}$$

電子は不純物によって散乱されるが，クーパー対として見ると $\boldsymbol{k}, -\boldsymbol{k} \to \boldsymbol{k}', -\boldsymbol{k}'$ のように散乱されるため，式 (2.63) は常に正しい．$\boldsymbol{k}$ の値だけが変化していき，位相変化 $\Delta\theta$ は累計して大きくなっていく．ある時間 $\tau_{\mathrm{K}}$ を経過して $\Delta\theta \sim 1$ と

なると，クーパー対の電子はもはや同じ位相をとることができず，コヒーレンスを失って破壊される．

　この機構に基づいて，超伝導を抑制する強さを示す対破壊パラメータ $\alpha \equiv \hbar/2\tau_{\mathrm{K}}$ を定義することができる．$\alpha$ はエネルギーの次元をもつ．詳細な計算によると，薄膜の面直および面内方向の磁場 $B_{\mathrm{a}}$ に対しては，$\alpha$ は次の式で得られる．

$$\alpha_\perp = eDB_{\mathrm{a}} \qquad （面直磁場） \tag{2.64}$$

$$\alpha_\parallel = \frac{1}{6}\frac{e^2Dd^2B_{\mathrm{a}}^2}{\hbar} \qquad （面内磁場） \tag{2.65}$$

ここで $D$ は電子の拡散係数であり，$D = (1/3)v_{\mathrm{F}}^2\tau$（$v_{\mathrm{F}}$: フェルミ速度，$\tau$: 電子弾性散乱時間）と表される．$T = 0$ における BCS エネルギーギャップを $\Delta(0)$ とすると，臨界磁場 $B_{c2}$ は

$$2\alpha = \Delta(0) \tag{2.66}$$

となる $B_{\mathrm{a}}$ により与えられる．このような超伝導を破壊する機構は，軌道対破壊効果と呼ばれる．

　上で述べた結果を用いると，一般の角度 $\theta$ に対する臨界磁場 $B_{c2}(\theta)$ のティンカム公式 (2.61) を導くことができる．式 (2.64) と (2.65) より，面直磁場および面内磁場による対破壊パラメータ $\alpha_\perp, \alpha_\parallel$ を比例係数 $c_\perp, c_\parallel$ を用いて

$$\alpha_\perp = c_\perp B_\perp, \qquad \alpha_\parallel = c_\parallel B_\parallel^2 \tag{2.67}$$

と表すと，式 (2.66) より次式を得る．

$$2c_\perp B_{c2\perp} = \Delta(0), \qquad 2c_\parallel B_{c2\parallel}^2 = \Delta(0) \tag{2.68}$$

一般の角度 $\theta$ に対する対破壊パラメータ $\alpha(\theta)$ を求めるには $\alpha_\perp$ と $\alpha_\parallel$ の和をとればいいので，臨界磁場 $B_{c2}(\theta)$ において

$$\begin{aligned}
2\alpha(\theta) = 2\left(\alpha_\perp + \alpha_\parallel\right) &= 2c_\perp B_\perp + 2c_\parallel B_\parallel^2 \\
&= 2c_\perp \left|B_{c2}(\theta)\sin\theta\right| + 2c_\parallel \left(B_{c2}(\theta)\cos\theta\right)^2 \\
&= \frac{\Delta(0)}{B_{c2\perp}}\left|B_{c2}(\theta)\sin\theta\right| + \frac{\Delta(0)}{B_{c2\parallel}^2}\left(B_{c2}(\theta)\cos\theta\right)^2
\end{aligned} \tag{2.69}$$

となる（図 2.14 (a) を参照）．$2\alpha(\theta) = \Delta(0)$ の関係式から，式 (2.61) が得られる．

　ここでの議論からわかるように，電子散乱が頻繁に起こると位相変化 $\Delta\theta$ が $\sim 1$ に達するために必要な時間 $\tau_K$ が長くなるため，対破壊パラメータ $\alpha = \hbar/2\tau_K$ は小さくなる．すなわち，不純物散乱があると軌道対破壊効果によって決まる臨界磁場は増大するという興味深い結果が得られる．

### 2.4.2　常磁性対破壊効果

　磁場によりクーパー対が破壊される原因として，電子のもつスピンと磁場との相互作用であるゼーマンエネルギーが重要になる場合がある．2.2.1 項で説明したように，クーパー対はスピンが反平行の 2 電子からできている．ここで磁場 $B_a$ を印加してスピンが同じ方向にそろうと，クーパー対は破壊されて超伝導凝縮エネルギーを損するが，その代わりにゼーマン効果によりエネルギーが下がる．これが自発的に起こるためには，ゼーマン効果による磁気エネルギーの利得が超伝導凝縮エネルギーの損を上回ればよい．BCS 理論によると，$N(0)$ をフェルミ準位における単位体積・スピンあたりの状態密度として，$T = 0$ での超伝導凝縮エネルギーは $(1/2)N(0)\Delta(0)^2$ である．一方，系のノーマル状態および超伝導状態におけるスピン帯磁率をそれぞれ $\chi_n, \chi_s$ とすると，それぞれの状態における磁気エネルギーの低下は $(1/2)\chi_n B_a^2, (1/2)\chi_s B_a^2$ である．よって，上述した条件から臨界磁場 $B_{c2}$ に関して次の式が成り立つ．

$$\frac{1}{2}\chi_n B_{c2}^2 - \frac{1}{2}\chi_s B_{c2}^2 = \frac{1}{2}N(0)\Delta(0)^2 \tag{2.70}$$

　フェルミ面をもつ通常の金属ではスピン帯磁率 $\chi_n$ はパウリ (Pauli) 常磁性 $\chi_P = 2\mu_B^2 N(0)$ に等しい．一方で金属が超伝導状態になるとスピン 1 重項のクーパー対を形成するため，準粒子励起がなくなる $T = 0$ ではパウリ常磁性は消滅して $\chi_s = 0$ となる．これらの値を式 (2.70) に代入すると，以下の結果を得る．

$$\mu_B B_{c2} = \frac{1}{\sqrt{2}}\Delta(0) \quad (\equiv \mu_B B_P) \tag{2.71}$$

このような機構により超伝導を破壊する効果を常磁性対破壊効果と呼び，$B_P$

をパウリ限界という．通常の超伝導体では，軌道対破壊効果が支配的だが，2 次元超伝導体に面内方向に磁場を印加すると軌道対破壊効果が抑制されるので，第 5 章で見るように常磁性対破壊効果が実際に観測される可能性がある．

クーパー対を構成する 2 電子は $\boldsymbol{k}\uparrow, -\boldsymbol{k}\downarrow$ の状態をとっており，系が時間反転対称性を保っているときはエネルギー縮退している．本節で説明した現象はすべて，磁場を加えることでクーパー対のエネルギー縮退が解けることが原因となっている．すなわち，磁場による系の時間反転対称性の破れが超伝導に及ぼす影響という観点から，統一的に理解することができる．

# 第3章

# 2次元超伝導のゆらぎと相転移

前章では超伝導の一般的な性質について説明するとともに，薄膜状の2次元超伝導体の特徴を考察した．厚さ $d \to 0$ の2次元極限では面直方向の磁場に対してはすべての超伝導体は第II種超伝導体として振る舞い，また面内方向の磁場に対しては軌道対破壊効果による臨界磁場 $B_{c2\perp}$ は発散的に増大する．一方で，2次元系での超伝導はゆらぎの影響を大きく受けることが知られている[1]．本章では，2次元超伝導体におけるゆらぎと相転移について，基本的な事柄に限って説明する．

## 3.1 　超伝導の次元性とゆらぎ

### 3.1.1　振幅ゆらぎと伝導度の増加

超伝導の秩序変数 $\Psi(\boldsymbol{r}) = |\Psi(\boldsymbol{r})|e^{i\theta(\boldsymbol{r})}$ には振幅および位相の2つの自由度が存在する．振幅 $|\Psi(\boldsymbol{r})|$ のゆらぎは，クーパー対の形成に対応する相転移温度 $T_{c0}$ より高い温度領域で重要になる一方，位相 $\theta(\boldsymbol{r})$ のゆらぎは $T_{c0}$ より低い温度領域で重要になる．まず，振幅のゆらぎについて見ていこう．

GL自由エネルギー密度 $f$ の表式 (2.40) において，磁場と電流が存在しない場合は第4項と第5項はゼロだから，$f$ はノーマル状態での値 $f_{\mathrm{n}}$ を基準にして，次の式で与えられる．

$$f - f_{\mathrm{n}} = \alpha|\Psi|^2 + \frac{\beta}{2}|\Psi|^4 \tag{3.1}$$

---

[1] 一般に系の次元が下がると相転移はゆらぎの影響をより強く受けるようになる．例えば，隣接サイト間に強磁性的なスピン間相互作用をもつイジングスピンモデルでは2次元および3次元では相転移が起こるが，1次元ではゆらぎのために有限温度では相転移が起こらない．

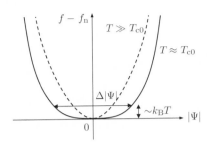

**図 3.1**   $T > T_{c0} \ (\alpha > 0)$ における GL 自由エネルギー密度 $f - f_n$ の $|\Psi|$ としての関数を示す図.

ここで簡単のため,系は一様であるとして秩序変数の空間変化を無視した.$T > T_{c0}$ では $\alpha > 0$ だから,$f - f_n$ は $|\Psi| = 0$ で極小をとる.よって秩序変数の振幅の期待値 $\langle |\Psi| \rangle$ はゼロであるが,$k_B T$ のオーダーの熱励起が存在するため,秩序変数のゆらぎ $\Delta |\Psi|$ は有限の値をとる.図 3.1 はこの状況を模式的に表したものだが,$T \to T_{c0}, \alpha \to 0$ となって $|\Psi| = 0$ 近傍での $f - f_n$ の曲率がゼロに近づくと,$\Delta |\Psi|$ は大きな値をとることが理解できる.

　より定量的な $\Psi(\boldsymbol{r})$ の空間的変化を考慮した議論は以下のようになる.式 (3.1) にクーパー対の運動エネルギー項

$$K = \frac{\hbar^2}{2m^*} \left| \nabla \Psi(\boldsymbol{r}) \right|^2 \tag{3.2}$$

を加えた GL 自由エネルギーを考えて,$\Psi(\boldsymbol{r})$ のフーリエ成分 $\Psi_{\boldsymbol{k}}$ による自由エネルギーの増加を,エネルギー等分配則より熱励起のエネルギー $k_B T$ に割り当てる.これにより,$\Psi_{\boldsymbol{k}}$ のゆらぎの大きさについて次の式が得られる.

$$\langle |\Psi_{\boldsymbol{k}}|^2 \rangle = \frac{k_B T}{\alpha + \hbar^2 k^2 / 2m^*} = \frac{2m^*}{\hbar^2} \frac{k_B T}{k^2 + 1/\xi^2} \tag{3.3}$$

ここで

$$\xi = \left( \frac{\hbar^2}{2m^* \alpha} \right)^{1/2} \tag{3.4}$$

は $\alpha > 0 (T > T_{c0})$ で定義されるコヒーレンス長であり,ゆらぎにより現れる超伝導領域の典型的なスケールに相当する.

　この秩序変数のゆらぎは,$T \gtrsim T_{c0}$ の温度領域ではクーパー対が形成されて

は消えることを意味しており,超伝導の前駆現象として観測される.クーパー対のゆらぎによるキャリア密度 $n$ は,式 (3.3) を用いて $n = \sum_{\boldsymbol{k}} \langle |\Psi_{\boldsymbol{k}}|^2 \rangle$ で与えられる.このクーパー対の存在は試料の伝導度に付加的に寄与するため,抵抗値は $T \gtrsim T_{c0}$ でノーマル状態での値に比べて減少する.系の伝導度を与える線形応答理論の式(久保公式)と秩序変数のゆらぎの相関関数を用いた計算によると,ゆらぎによる伝導度の増加は 2 次元系および 3 次元系に対して以下の式で表すことができる.

$$\sigma'_{2\mathrm{D}} = \frac{e^2}{16\hbar} \frac{T}{T - T_{c0}} \tag{3.5}$$

$$\sigma'_{3\mathrm{D}} = \frac{e^2}{32\hbar \xi_{\mathrm{GL}}(0)} \left( \frac{T}{T - T_{c0}} \right)^{1/2} \tag{3.6}$$

特に 2 次元系では係数として $e^2/16\hbar = 1.52 \times 10^{-5}\Omega^{-1}$ という普遍的な値をとる.この値は,2 次元金属薄膜での典型的な伝導度 $10^{-3}\Omega^{-1}$ に近く,ゆらぎによる抵抗値の変化は十分に観測が可能である.一方で,3 次元系では,係数は物質に依存するパラメータとして $T = 0$ での GL コヒーレンス長 $\xi_{\mathrm{GL}}(0)$ を含み,$10^2\Omega^{-1}\mathrm{m}^{-1}$ 程度になる.これは,バルク金属の典型的な伝導度 $10^7\Omega^{-1}\mathrm{m}^{-1}$ に比べてはるかに小さく,ゆらぎによる抵抗値の変化は無視できる.

上述した伝導度の増加はクーパー対のゆらぎがキャリアとして伝導度に寄与することで生じる.この他に,ゆらぎによって生じたクーパー対が消滅した後も,その運動がノーマル電子に引き継がれることにより伝導度が増加する効果もある.これらの効果に対応するグリーン関数の摂動項にちなんで,前者はアスラマソフ-ラーキン (Aslamazov-Larkin) 項による寄与,後者は真木-トンプソン (Maki-Thompson) 項による寄与と呼ばれる.

### 3.1.2 位相ゆらぎ

2.3.1 項で見たように,$T < T_{c0}$ では GL 自由エネルギー密度 $f$ は $|\Psi| = \psi_0 \equiv (|\alpha|/\beta)^{1/2}$ で極小値をとり,秩序変数の振幅の期待値 $\langle |\Psi| \rangle$ が有限になる.十分に温度が下がると,秩序変数の振幅 $|\Psi|$ は一定値 $\psi_0$ をとるとみなすことができ,振幅のゆらぎはもはや重要でなくなる.しかし,秩序変数の位相 $\theta$ にはまだ自由度が残っている.$|\Psi| = \psi_0$ のときにはクーパー対の運動エネルギー項 $K$

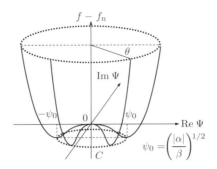

**図 3.2**　$T < T_{c0}, \alpha < 0$ における GL 自由エネルギー密度 $f - f_n$ の複素数変数 $\Psi$ としての関数を示す図.

は式 (3.2) を変形して

$$K = \frac{\hbar^2 \psi_0^2}{2m^*} |\nabla \theta(\boldsymbol{r})|^2 \tag{3.7}$$

と表されることからわかるように，$\theta$ が空間的に一様な場合にはエネルギーの変化はない．図 3.2 はこの状況を示したものであり，$f - f_n$ は複素平面上の $\Psi$ の関数としてワインボトルの底のような形状をもつ．系の基底状態は図に示す環状の領域 $C$ の任意の場所をとることができ，エネルギー縮退をしている[2].

　位相が空間的に変調を受けると，式 (3.7) によりエネルギーが増加するが，長波長極限をとると励起エネルギーは無限小になるため，有限温度である限り位相ゆらぎのモードが励起する．この位相ゆらぎは，以下で見るように 2 次元系では超伝導の長距離秩序を壊してしまう．

### 3.1.3　XY モデル

　以上のような十分に低温で秩序変数の振幅が一定値 $\psi_0$ をとり，位相だけがゆらいでいる状態は，磁性体の古典 XY モデルで記述することができる．このモデルでは，各サイト $i$ に向きが $xy$ 面内に固定された古典的なスピン $\boldsymbol{S} = (\cos\theta_i, \sin\theta_i)$ が存在し，最近接のスピンどうしが交換相互作用によって結

---

[2] このような状態は系のもつ位相に関する対称性（U(1) 対称性）が自発的に破れた状態とみなすことができる．長波長の位相ゆらぎは連続的な対称性が破れた系で生じる南部・ゴールドストーン (Nambu-Goldstone) モードの例である．一般に超伝導の位相ゆらぎのモードは電磁波モードに吸収されて消滅するが，2 次元系で磁場侵入長が系のサイズより大きくなると位相ゆらぎのモードが残る.

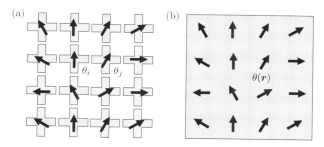

図 **3.3** (a) 離散 XY モデルおよび (b) 連続体 XY モデルの概念図. 矢印はスピンの向きを示す. (b) は超伝導の位相ゆらぎのモデルに等価である.

合するとする（図 3.3(a)）. ハミルトニアンは

$$H = -J \sum_{i,j} \boldsymbol{S}_i \cdot \boldsymbol{S}_j \tag{3.8}$$

$$= -J \sum_{i,j} \cos(\theta_i - \theta_j) \tag{3.9}$$

で表され, 強磁性的な相互作用に対しては $J > 0$ である. このハミルトニアンは離散モデルに対するものだが, 最近接サイト間の位相差が小さいとして $\cos(\theta_i - \theta_j) \approx 1 - (1/2)(\theta_i - \theta_j)^2$ と近似し, 差分を微分に置き換えることで連続体モデルに移行すると, 2 次元系では

$$H = \int d\boldsymbol{r} \frac{J}{2} |\nabla\theta(\boldsymbol{r})|^2 \tag{3.10}$$

となる. これは式 (3.7) を空間積分したものと同じ形をしており, $J/2 = \hbar^2\psi_0^2/2m^*$ とおくことで超伝導の位相ゆらぎのみを考えるモデルと XY モデルが等価であることがわかる. 図 3.3(b) はこれらの連続体モデルを表す概念図で, 超伝導の位相ゆらぎのモデルとして見たとき, 水平方向と矢印のなす角度が秩序変数の位相 $\theta(\boldsymbol{r})$ に等しい[3].

### 3.1.4 スピン波励起と準長距離秩序

3.1.2 項で有限温度では超伝導の長周期の位相ゆらぎが生じることを述べた.

---

[3] 離散 XY モデルは超伝導のアイランドがジョセフソン接合によってつながったネットワークのモデルに等価である.

これは，XY モデルではギャップレスな励起モードであるスピン波が発生することと等価である．超伝導位相の秩序は，XY モデルでのスピンの秩序を調べることでわかり，以下の相関関数 $g(x)$ によって評価することができる．

$$g(x) = \langle \Psi^*(\boldsymbol{r})\Psi(\boldsymbol{r}') \rangle = \psi_0^2 \langle e^{i(\theta(\boldsymbol{r})-\theta(\boldsymbol{r}'))} \rangle \tag{3.11}$$

$$x \equiv |\boldsymbol{r} - \boldsymbol{r}'| \tag{3.12}$$

スピン波の低温での振る舞いはよく調べられており，系の次元 $d$ に依存して定性的に異なる．結果のみを示すと以下のようになる．

$$d = 3: \quad g(x) \to \text{const.}(\neq 0) \quad \text{as} \quad x \to \infty \tag{3.13}$$

$$d = 2: \quad g(x) \propto x^{-k_{\mathrm{B}}T/2\pi J} \to 0 \quad \text{as} \quad x \to \infty \tag{3.14}$$

$$d = 1: \quad g(x) \propto e^{-(k_{\mathrm{B}}T/2J)x} \to 0 \quad \text{as} \quad x \to \infty \tag{3.15}$$

ただし，$J = \hbar^2 \psi_0^2/m^*$ である．すなわち，$T > 0$ で 3 次元系では長距離秩序が保たれるのに対して，1 次元系では短距離秩序しか存在しない．2 次元系では長距離秩序は存在しないものの，$g(x)$ は距離 $x$ に関するべきの関数であり，指数関数的な急激な減少とは対照的にゆっくりとした減少を示す．このような秩序を準長距離秩序と呼ぶ．

　有限温度で 2 次元 XY モデルで長距離秩序が存在しないことは，2 次元系では対称性を破るような超伝導転移が存在しないことを示している[4]．これをもって「2 次元系では超伝導は存在しない」と言われることがよくあるが，この意味するところは「超伝導位相の長距離秩序が存在しない」ことである．XY モデルの準長距離秩序が確立した状況では，通常のロンドン方程式と同じ形でベクトルポテンシャルに対する超伝導電流の応答が存在することを示すことができ，その比例係数から定義される超流動密度は有限である．すなわち，2 次元系では対称性の破れを伴う厳密な意味での超伝導相転移は存在しないが，実質的に超伝導とみなせる状態は実現可能であると結論づけられる[5]．

---

[4] この結果は，いわゆるマーミン・ワグナー (Mermin-Wagner) の定理に整合する．この定理は，「相互作用が十分に短距離で連続的対称性をもつ系は，2 次元以下では有限温度で対称性が自発的に破れない」ことを厳密に保証する．

[5] 2 次元 XY モデルにおけるスピン波と準長距離秩序については，例えば西森秀稔「相転移・臨界現象の統計力学」[7] の 5.2, 5.4 節に解説がある．2 次元系における超伝導

コスタリッツ・サウレス (KT) 転移

### 3.2.1 ボルテックスの熱励起

前節では位相のゆらぎとして XY モデルのスピン波に相当するものだけを考えた. これは十分に低温では正しい取り扱いであるが, $T_{c0}$ に近い高温領域では位相ゆらぎとしてボルテックスが発生するために正しくない. ここで扱うボルテックスは第 2 章で扱ったものと同じ超伝導の渦電流であるが, ゼロ磁場において熱励起により形成される. 以下で述べるように, 熱励起されたボルテックスは $T_{c0}$ 以下の温度で新たな相転移を引き起こす.

サイズ $R \times R$ の 2 次元系に, ボルテックスが 1 個だけ存在する状況を考えよう. また, 超伝導の秩序変数の振幅は十分に発達していて, 一定値 $\psi_0$ をとるとする. 秩序変数の位相はボルテックス中心を囲む閉曲線に沿って $2\pi$ だけ変化しており, XY モデルのスピンで表現すると図 3.4(a) のようになる. 超伝導電流を担うクーパー対の速度は式 (2.44) より $\boldsymbol{v}_{\mathrm{s}}(\boldsymbol{r}) = (\hbar/m^*)\nabla\theta(\boldsymbol{r})$ で与えられる. 孤立したボルテックスのエネルギーは電流による運動エネルギー密度 $(m^*/2)|\boldsymbol{v}_{\mathrm{s}}(\boldsymbol{r})|^2\psi_0^2$ の面積分を実行することで計算することができ,

$$U_{\mathrm{vor}} = \frac{\hbar^2\psi_0^2}{2m^*} \int d\boldsymbol{r}|\nabla\theta(\boldsymbol{r})|^2 = \frac{\pi\hbar^2\psi_0^2}{m^*} \ln\frac{R}{\xi_{\mathrm{GL}}} \tag{3.16}$$

となる [6]. $\xi_{\mathrm{GL}}$ は GL コヒーレンス長であり, 式 (3.16) にこの値が含まれるのは, $\xi_{\mathrm{GL}}$ 程度のボルテックス芯の半径が積分の下限を決めることに由来する. $U_{\mathrm{vor}}$ は $R \to \infty$ で対数的に発散する大きな値をもつ. 一方, ボルテックスは系の内部で異なる位置をとることができ, そのとりうる場合の数は, 全面積 $R^2$ をボルテックス芯の面積 $\sim \xi_{\mathrm{GL}}^2$ で割ったものとして評価できる. よって, エントロピーは

---

電流応答について明確な説明がある教科書は少ないが, E. Simanek, *Inhomogeneous Superconductors: Granular and Quantum Effects* [8] の 7.2 節にこれに関する記述がある.

[6] 2 次元系で磁場侵入長が十分に長いとして, ボルテックスに付随する磁場による相互作用は無視する. またボルテックス芯では超伝導の抑制により自由エネルギーが増加しているが, ここでは考えない.

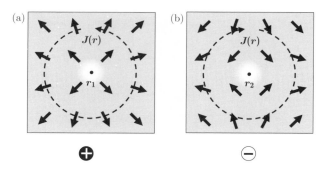

**図 3.4** XY モデルで表した (a) ボルテックスおよび (b) 反ボルテックス．矢印は XY モデルにおけるスピンの向きを示す．中心の色の薄い領域は半径 $\xi_{\mathrm{GL}}$ 程度のボルテックス芯を表す．ボルテックスと反ボルテックスはそれぞれ，正負の電荷をもつ荷電粒子に対応する．

$$S_{\mathrm{vor}} = k_{\mathrm{B}} \ln \left( \frac{R}{\xi_{\mathrm{GL}}} \right)^2 = 2k_{\mathrm{B}} \ln \frac{R}{\xi_{\mathrm{GL}}} \tag{3.17}$$

で与えられる．ここで 1 個のボルテックスが発生したことによる自由エネルギーの変化を計算すると

$$\Delta F = U_{\mathrm{vor}} - TS_{\mathrm{vor}} = \left( \frac{\hbar^2 \pi \psi_0^2}{m^*} - 2k_{\mathrm{B}}T \right) \ln \frac{R}{\xi_{\mathrm{GL}}} \tag{3.18}$$

となる．よって，$T > \hbar^2 \pi \psi_0^2 / 2m^* k_{\mathrm{B}}$ で $\Delta F < 0$ となるため，熱励起によりボルテックスが自然発生することがわかる．自由なボルテックスが発生すると，その中心近傍で大きな位相の変化をもたらすため，系の準長距離秩序は失われて，短距離秩序へと移行する．すなわち，$T \sim \hbar^2 \pi \psi_0^2 / 2m^* k_{\mathrm{B}}$ において，ボルテックスが関与する相転移が起こることが予想される．

### 3.2.2　ボルテックス対の解離による相転移—KT 転移—

　実際の 2 次元系における相転移は，結合していたボルテックス対が解離して自由なボルテックスが発生することによって引き起こされる．この相転移は，最初に提唱した理論家の名前をとって，コスタリッツ・サウレス転移 (Kosterlitz-Thouless transition, KT)，あるいはベレジンスキー・コスタリッツ・サウレス

転移 (Berezinskii-Kosterlitz-Thouless, BKT) と呼ばれる[7].

上で述べた熱励起によって生じるボルテックスの渦電流は，反時計回りと時計回りの2つを方向をとることができ，それぞれに対応するものをボルテックスと反ボルテックスと呼ぶ（図 3.4）．渦度を $q \equiv (1/2\pi) \oint_C \nabla\theta(\boldsymbol{r})$（$C$ はボルテックス中心を囲む閉曲線）で定義すると，ボルテックスと反ボルテックスはそれぞれ $q = +1, q = -1$ の渦度をもつ．距離 $r$ だけ離れたボルテックスと反ボルテックスが存在するとき，そのエネルギーは

$$U_{\mathrm{pair}}(r) = \frac{2\pi\hbar^2 \psi_0^2}{m^*} \ln \frac{r}{\xi_{\mathrm{GL}}} \tag{3.19}$$

となり，$r < R$ よりこれは $2U_{\mathrm{vor}}$ よりも小さい．このため，ボルテックスと反ボルテックスの間には引力相互作用が働き，対として結合して安定化する．ここで「真空の誘電率」を

$$\epsilon_0 \equiv \frac{m^*}{4\pi^2\hbar^2\psi_0^2} \tag{3.20}$$

と定義すると，式 (3.19) は次のように書き表すことができる．

$$U_{\mathrm{pair}}(r) = \frac{1}{2\pi\epsilon_0} \ln \frac{r}{\xi_{\mathrm{GL}}} \tag{3.21}$$

これは 2 次元系において電荷 $q = \pm 1$ の間に働くクーロン相互作用エネルギーと同じ形をしている．すなわち，ボルテックスと反ボルテックスは，2 次元系における電荷 $q = \pm 1$ をもつ荷電粒子と数学的には等価である．ボルテックス対のまわりを一周すると渦度 $q = 0$ となるため，位相の乱れは打ち消し合って遠くまで影響を及ぼさない．よって，ボルテックス対の存在は系の準長距離秩序を壊さないようになる．この様子は，正負の電荷をもった粒子が結合すると，十分に遠くからは電気的に中性の複合粒子とみなせることに類似している．

間隔 $r \approx \xi_{\mathrm{GL}}$ の小さなボルテックス対は励起エネルギーが小さいため，低温でまず最初に励起される．温度が上昇すると，$r > \xi_{\mathrm{GL}}$ となるボルテックス対が励起されるようになるが，この内部にはすでに小さなボルテックス対が励起

---

[7] KT 転移については統計物理学の観点から書かれた教科書は多いが，超伝導の視点から書かれた初学者向けのものは意外に少ない．本節では文献 [9] と I. Herbut, *A Modern Approach to Critical Phenomena* [10] の第 6 章を参考にした．

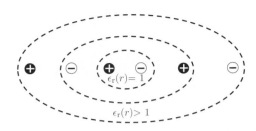

**図 3.5**　ボルテックス対を電気双極子としてみなしたときの遮蔽を示す模式図.

されているので,ボルテックス–反ボルテックス間の引力相互作用は遮蔽される.この様子は誘電体内部では電場が電気双極子によって遮蔽されることに類似している（図 3.5）.遮蔽された引力相互作用は $U_{\mathrm{eff}}(r) = U_{\mathrm{pair}}(r)/\epsilon_{\mathrm{r}}(r)$ と表すことができる.ここで $\epsilon_{\mathrm{r}}(r)$ は比誘電率に相当する量で,ボルテックス–反ボルテックス間の距離 $r$ に関する単調増加関数であるが,温度が低い間は $r \to \infty$ で $\epsilon_{\mathrm{r}}(r)$ は有限の値に収束する.

　さらに温度が上昇するとより大きなボルテックス対の励起が増え,遮蔽は加速度的に強くなっていき,ある温度 $T_{\mathrm{KT}}$ で $\epsilon_{\mathrm{r}}(\infty)$ は無限大へと発散する.これは式 (3.21) によると,無限大の大きさのボルテックス対間の引力相互作用がゼロになることを意味している.よってボルテックス対は解離して自由なボルテックスとなり,準長距離秩序は破壊される.さらに温度が上昇すると,より小さなボルテックス対も解離するようになって,自由なボルテックスの数が増加していく.以上が KT 転移のあらましである.この相転移の詳細は,繰り込み群の理論により記述される.

　図 3.6 は温度で規格化した実効的な誘電率に相当する量 $1/K(r) \equiv 4\pi^2 k_{\mathrm{B}} T\epsilon_0\epsilon_{\mathrm{r}}(r)$ を $\ln(r/\xi_{\mathrm{GL}})$ の関数として表したもので,その温度依存性は上述した振る舞いを定性的に示している.ここで高温側から系の温度を低下していくことを考えると,$K(\infty)$ は $T = T_{\mathrm{KT}}$ で $0 \to 2/\pi$ に不連続に変化することが繰り込み群の理論により示される.この変化は KT 転移に特有のもので,ユニバーサルジャンプと呼ばれる.$K(r)$ は式 (3.20) を用いると $K(r) = \hbar^2\psi_0^2/m^* k_{\mathrm{B}}T\epsilon_{\mathrm{r}}(r)$ と表すことができ,繰り込まれた実効的な超流動密度に比例する量である.すなわち,無限大のスケールで見た実効的な超流動密度は,温度 $T_{\mathrm{KT}}(< T_{\mathrm{c0}})$ で

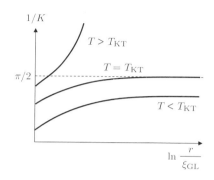

図 **3.6**　$\ln(r/\xi_{\text{GL}})$ の関数として表した $1/K(r)$ とその温度依存性.

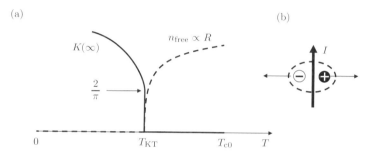

図 **3.7**　(a) $K(\infty)$ および $n_{\text{free}}$ の温度依存性. $n_{\text{free}}$ は系の抵抗値 $R$ に比例する. (b) 電流 $I$ によってボルテックス対が解離する様子を示す模式図.

ゼロから有限の値へと不連続に変化し，KT 転移により実質的な超伝導が確立することがわかる．図 3.7(a) に $K(\infty)$ の温度依存性を模式的に示す．

### 3.2.3　KT 転移の実験的検証

2 次元超伝導体における KT 転移は電子輸送特性に反映され，以下のような物理量を調べることで実験的に検証することが可能である．

- $T_{\text{KT}} < T < T_{\text{c0}}$ での抵抗値の温度依存性

　　この温度領域では，ボルテックス対は部分的に解離しており，温度を下げていくと自由なボルテックスの密度 $n_{\text{free}}$ は $T \to T_{\text{KT}}$ でゼロに向かって減少していく（図 3.7(a)）．2.3.6 項で述べたように自由なボルテックスが存在す

ると電流によってローレンツ力を受けて移動し，エネルギー散逸すなわち電気抵抗を発生させる．試料の抵抗値 $R$ は $n_{\text{free}}$ に比例して，$T_{\text{KT}}$ 付近では次の温度依存性に従う．

$$R \propto \exp\left(-2b\left|\frac{T_{\text{KT}}}{T - T_{\text{KT}}}\right|^{\frac{1}{2}}\right) \tag{3.22}$$

ここで $b$ は物質に依存する大きさ 1 の程度のパラメータである．

- $T < T_{\text{KT}}$ での電流–電圧特性の非線形性

この温度領域では熱励起されたすべてのボルテックスは対を作っており，自由なボルテックスは存在しないのでゼロバイアス電流の極限では抵抗値はゼロである．しかし，有限のバイアス電流 $I$ が存在すると，ボルテックスと反ボルテックスを反対方向に引き離す力が働くため（図 3.7(b)），自由なボルテックスの密度 $n_{\text{free}}$ が有限になり，抵抗を発生させる．ボルテックス対が解離するためには，エネルギー障壁 $U_{\text{b}}$ を熱励起で超える必要があり，$U_{\text{b}}$ の $I$ 依存性から，$n_{\text{free}} \propto I^{\pi K(r)}$ の関係式が導かれる．よって，$R(= V/I) \propto n_{\text{free}}$ を考慮すると次の電流–電圧 $(I - V)$ 特性が得られる．

$$V \propto I^a, \quad a = 1 + \pi K(r) \tag{3.23}$$

$T = T_{\text{KT}}$ で $K(\infty)$ は $0 \to 2/\pi$ に変化するため，$r \to \infty$ の極限では $I - V$ 特性の指数 $a$ は $1 \to 3$ に変化する．これは $T = T_{\text{KT}}$ で実効的な超流動密度がゼロから有限値になることを反映している．さらに温度が低下すると，超流動密度の増加を反映して $a$ の値は 3 から増加していく．

- $T < T_{\text{KT}}$ での複素電導度

試料に周波数 $\omega$ の交流電場を加えてピックアップコイルで電圧を検出することで，複素伝導度 $Y(\omega)$ を測定することができる．この虚数成分 $\text{Im}\, Y(\omega)$ は $K(r)$ に比例するため，$\text{Im}\, Y(\omega)$ は実効的な超流動密度を直接に反映する量になる．

2 次元超伝導体における KT 転移の実験は 1980 年代前半に盛んに行われ，現在ではよく検証されていると認められている．図 3.8 に代表的な実験結果を示す [9]．図 3.8(a) は低バイアス領域での $I - V$ 特性を log スケールでプロット

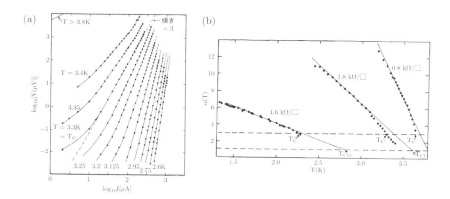

**図 3.8** KT 転移を示す 2 次元超伝導薄膜の実験例. (a) $I-V$ 特性の温度依存性およ び (b) $V \propto I^a$ の関係式にフィッティングして得られた指数 $a$ の温度依存性. 文 献 [9] より転載. Copyright 1983 by the American Physical Society.

したもので, データは広い範囲にわたってほぼ直線に乗っていることから, 式 (3.23) の関係が成り立つことがわかる. 直線の傾きから指数 $a$ を決定して温度 の関数としてプロットしたものが図 3.8(b) であり, $a = 3$ の付近ではユニバー サルジャンプに対応する温度変化が観測されている.

近年, 結晶性の良好な 2 次元物質の超伝導の研究が進展し, その 2 次元性の証 拠として $I-V$ 特性の温度変化から KT 転移の観測を主張する実験が増えてい る. しかし, 多くの実験では十分にゼロバイアス近傍とはいえない領域で $I-V$ 特性を測定したり, $a = 3$ でのユニバーサルジャンプが観測されないまま KT 転移の存在を主張するなどの不備が見受けられる. 有限の試料サイズや残留磁 場などの影響により KT 転移はブロードな転移になってしまうため, KT 転移 の明確な観測は一般に難しいことを指摘しておく.

## 3.3 超伝導–絶縁体 (S-I) 転移

### 3.3.1 2 次元極限と乱れによる S-I 転移

ここまでは主として熱励起によるゆらぎの観点から 2 次元系における超伝導

を論じてきたが，BCS 機構によって決まる平均場的なレベルでの相転移温度 $T_{c0}$ に対する影響は考えてこなかった．一般的に，金属の超伝導薄膜は膜厚 $d$ が 10 nm 程度までは $T_{c0}$ はほぼ一定とみなせる．しかし，膜厚 $d$ が 1 nm からさらに原子間隔程度 (0.2 〜 0.3 nm) にまで減少すると，超伝導転移温度は低下してゼロになるだけでなく，逆に試料抵抗は $T \to 0$ で増加する絶縁体的な振る舞いを見せるようになる．この現象を超伝導–絶縁体 (superconductor-inslator, S-I) 転移と呼ぶ．

このような「2 次元極限」では，現実の試料には高い密度の欠陥が含まれており，場合によっては直径数 nm 以下の微粒子が 2 次元のネットワーク状につながった形状をとる．よって試料の結晶性の乱れが超伝導に及ぼす影響を考慮しなければならない．まず最初に考えるべき効果は乱れによって伝導電子がいわゆるアンダーソン局在[8] を起こし，金属的な伝導が失われることで超伝導が消失する効果である．これは，超伝導秩序の振幅 $|\Psi|$ がゼロになることで起こると言い換えることもできる．これに対して，1990 年ごろから実験および理論の双方が進展した結果，少なくとも S-I 転移の転移点近傍では超伝導秩序の振幅の大きさはまだ十分に保たれており，秩序変数の位相 $\theta$ のゆらぎが S-I 転移を引き起こしているという描像が主流になってきた．この位相のゆらぎは前節までに述べた熱的なゆらぎではなく，以下で説明するように量子力学的に誘起されるものである．この描像では S-I 転移は，系のハミルトニアンのパラメータが変化することで異なる電子相の間を移り変わる量子相転移として理解できる．

この現象の説明の前に，S-I 転移の研究で重要になる試料の作製方法を述べておく．まず，室温に保たれた基板上に超伝導微粒子がつながった薄膜を真空蒸着法により作製する方法がある（図 3.9(a)）．膜厚や粒径とは独立して乱れの強さを制御するために，微粒子の表面を酸化させてトンネル接合を作る場合もある．この手法を発展させて，電子リソグラフィーを利用して超伝導アイランドを規則的に配列させその間をトンネル接合でつなぐことで，人工的な 2 次元超伝導ネットワークを作ることもできる．

もう 1 つは，原子スケールでは多くの欠陥を含むが，より大きなスケールでは

---

[8] 結晶性の乱れによって生ずる干渉効果により伝導電子が低温で局在する現象．1958 年にアンダーソンによって提唱され，1980 年代前半に盛んに研究された．

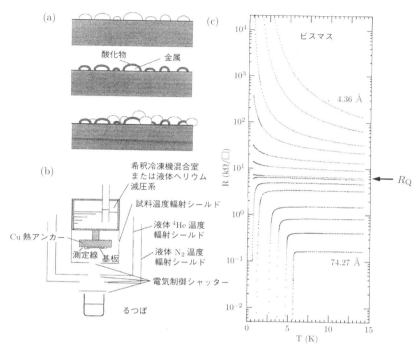

**図 3.9**　(a), (b) 超伝導 2 次元薄膜の作製方法：(a) 微粒子膜および (b) 急冷凝縮法の模式図．文献 [11] より転載．(c) 急冷凝縮法により作製したビスマスアモルファス薄膜の抵抗の温度依存性．膜厚の減少により S-I 転移が引き起こされている．文献 [12] より転載．Copyright 1989 by the American Physical Society.

均一な薄膜とみなせるものである．液体ヘリウム温度程度にまで冷却した試料基板上に真空蒸着により形成する方法（急冷凝縮法）（図 3.9(b)）と，スパッタにより薄膜合金を形成する方法がある．前者の方法では試料温度を上げると微粒子化して特性が変化してしまうので試料構造の評価は難しいが，膜厚を変化させながらその場で伝導測定を行うことで制御性のよい実験が可能となる．また，形成した薄膜の均一性を向上させるために，基板表面にあらかじめ Ge などのバッファー層を蒸着しておくことが多い．図 3.9(c) は急冷凝縮法で作製したビスマス 2 次元薄膜の抵抗の温度依存性であり，膜厚 $d$ が減少するに従って超伝導的な振る舞い ($dR/dT > 0$) から絶縁体的な振る舞い ($dR/dT < 0$) へと変化する様子が明瞭にとらえられている [12]．このような研究は，1990 年代に

盛んに行われた.

### 3.3.2　量子相転移としての S-I 転移

　これまで見てきたように超伝導の秩序変数はその位相が固定化することで巨視的な量子状態としての超伝導状態が確立する. 秩序変数の位相はクーパー対の位相と考えてもよい. クーパー対の位相 $\theta$ と粒子数 $N$ の間には量子力学における不確定性関係が存在し, それぞれの不確定さ (量子力学的なゆらぎ) を $\Delta\theta, \Delta N$ とすると, $\Delta\theta\Delta N \sim 1$ の関係が成り立つ. 通常の超伝導体は位相が確定しているので $\Delta\theta$ が非常に小さく, 逆に $\Delta N$ は非常に大きい. いま, 系の乱れが大きくなることで電子が局在化した状況を考えよう. 単純には, 電子があちこちのポテンシャルの深い穴に束縛されて容易に脱出できないような状況をイメージすればよい. このとき, 局在化したことにより粒子数のゆらぎ $\Delta N$ が減るので, 位相のゆらぎ $\Delta\theta$ は逆に増加する. 位相のゆらぎはボルテックスの形成につながるので, 乱れた系ではボルテックスが量子力学的なゆらぎによって多量に発生することになる. このようなボルテックスが動くと電圧を誘起し, ゼロ抵抗の発現を抑制する.

　乱れた2次元超伝導体におけるクーパー対の位相と粒子数のゆらぎを記述する代表的な理論として, フィッシャー (Fisher) の理論がある [13, 14]. この理論によると, 系のハミルトニアンはクーパー対をボゾンとみなして記述することが可能であり, またボルテックスをボゾンとみなして同じハミルトニアンを記述することも可能である. クーパー対とボルテックスは互いに役割を入れ替えることができ, これを双対性と呼ぶ. 超伝導転移をクーパー対のボーズ凝縮とみなすと, それに双対な状態としてボルテックスがボーズ凝縮した状態の存在が導かれる. クーパー対のボーズ凝縮状態ではクーパー対が自由に動くことができ, ボルテックスは局在して動くことができないため, 抵抗はゼロとなる. 逆に, 双対なボルテックスのボーズ凝縮状態は, ボルテックスが自由に動くことができ, クーパー対は局在して動くことができないために抵抗が無限大となる, いわば「超絶縁相」[9] である. この2つの状態は $T = 0$ で実現する量子相

---

[9] 一般的な用語ではないので, 以下では単に絶縁相と呼ぶ.

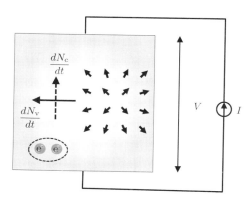

**図 3.10**　S-I 転移の臨界面抵抗を説明する模式図.

であり，系の乱れが弱い極限では超伝導相が，乱れが強い極限では絶縁相が実現する．乱れの強さをパラメータとしてゼロから大きくしていくと，超伝導相から絶縁相へと量子相転移を起こすことが結論づけられる [10].

　実験的には，乱れの強さは試料の面抵抗値（2 次元抵抗値）に反映されるため，ある臨界面抵抗で S-I 転移が起こることが予想される．驚くべきことに，多くの実験において臨界面抵抗は，量子化抵抗 $h/4e^2 = 6.45$ kΩ $(\equiv R_Q)$ に近い値をとることが知られている．例えば，図 3.9(c) では，ノーマル状態における面抵抗値 $R \approx R_Q$ を境界にして，超伝導的な温度変化を示す領域と絶縁体的な温度変化を示す領域とに分離している．フィッシャーの理論は，この実験事実を説明するため，広く受け入れられるようになった．

　S-I 転移において臨界面抵抗が $R_Q$ になることは，直感的には以下のようにして理解できる．臨界点ではクーパー対とボルテックスの両方が動くことができるため，試料の抵抗は有限の値をとる．この状況で図 3.10 のように外部から電流を流すことを考える．電流はクーパー対によって運ばれるので，時間 $dt$ の間に試料を通過したクーパー対の数を $dN_c$ とすると，電流 $I$ は

$$I = 2e\frac{dN_c}{dt} \tag{3.24}$$

である．一方，電流はボルテックスに対して直交する方向にローレンツ力を及

---

[10] S-I 転移は，超伝導微小接合におけるジョセフソン結合エネルギーと帯電エネルギーの競合，およびエネルギー散逸の観点からも議論されている [3, 8, 11].

ぼし，ボルテックスが移動することにより電流の方向に電圧 $V$ を引き起こす．時間 $dt$ の間に試料を通過したボルテックスの数を $dN_v$ とすると，2.3.6 項で説明したように電圧 $V$ は

$$V = \frac{h}{2e} \frac{dN_v}{dt}$$

となる．ここでクーパー対とボルテックスの自己双対性（2 つの役割を入れ替えても系のハミルトニアンが不変であること）を仮定して $dN_c/dt = dN_v/dt$ とおくと，臨界抵抗値として

$$R_c = \frac{V}{I} = \frac{h}{4e^2} = R_Q \tag{3.25}$$

が得られる．実際はクーパー対とボルテックスの自己双対性はあくまで近似的なものなので，$R_c$ は $R_Q$ からずれるが，オーダーとしてはこの程度の値になることが予想される．

### 3.3.3　スケーリング理論

　S-I 転移が量子相転移である根拠として，異なる温度や乱れに対する試料面抵抗がスケーリング則に従うことがあげられる．量子相転移が 2 次相転移であるとき，熱力学的相転移の場合と同じように，その臨界点近傍で秩序変数の空間的なゆらぎを示す相関長 $\xi$ が定義できる．相転移を引き起こす乱れを反映するパラメータとして膜厚 $d$ をとり，臨界点における値を $d_c$ とすると，$d \to d_c$ で相関長は $\xi \propto |d - d_c|^{-\nu}$ のように発散する．ここで $\nu$ は相関長に関する臨界指数である．一方で，系の時間的なゆらぎを表す特徴的な周波数 $\Omega$ が存在して，$d \to d_c$ で系のゆらぎは極めて遅くなる．$\Omega$ は動的臨界指数 $z$ を用いて $\Omega \propto \xi^{-z}$ と表すことができ，よって $\Omega \propto |d - d_c|^{\nu z}$ の関係式が得られる．このとき，系の量子ゆらぎのエネルギー $\hbar\Omega$ は有限温度での熱ゆらぎのエネルギー $k_B T$ によってスケールされるため，系の物理量は $\hbar\Omega/k_B T$ によって一意的に決まる．これらの考察から，面抵抗値 $R$ は次の形で表すことができる．

$$R(d - d_c, T) = R_c f\left(\frac{|d - d_c|}{T^{1/\nu z}}\right) \tag{3.26}$$

ここで $R_c$ は臨界点における面抵抗値，$f(x)$ は $f(0) = 1$ を満たすスケーリング

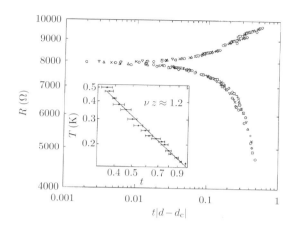

図 **3.11**　急冷凝縮法により作製したビスマス薄膜の面抵抗値を，スケーリング変数 $t|d - d_{\rm c}| \equiv |d - d_{\rm c}|/T^{\nu z}$ でプロットしたグラフ．文献 [15] より転載．Copyright 1998 by the American Physical Society.

関数である．

　初期のビスマス薄膜を用いた代表的な実験結果を図 3.11 に示す [15]．$R < R_{\rm c}$ の超伝導相と $R > R_{\rm c}(R_{\rm c} = 8.0\ {\rm k\Omega})$ の絶縁相のそれぞれの領域で，異なる温度 $T$ と膜厚 $d$ に対する面抵抗値が 1 つの曲線に乗ることがわかる．よって，量子相転移における臨界的振る舞いが観測されたものと解釈できる．この実験では，臨界指数の積は $\nu z = 1.2 \pm 0.2$ と求められた．臨界指数は相転移のユニバーサリティクラス[11] に対応するため，S-I 転移がどのようなユニバーサリティクラスをもつ理論モデルに対応するのか，多くの研究で議論されている．

### 3.3.4　磁場誘起 S-I 転移

　前節までは，乱れによって誘起された超伝導位相の量子ゆらぎがボルテックスを発生させる状況を扱った．クーパー対とボルテックスのボゾンとしての競合が，量子相転移としての S-I 転移を引き起こす．同様の S-I 転移は，乱れを

---

11) 繰り込み群の理論によると，2 次相転移における臨界指数の値は系のパラメータの詳細に依存せず，系の空間次元や秩序変数の対称性などの基本的な要素のみによって決定される（ユニバーサリティ）．異なる臨界指数をもつ相転移は，異なるユニバーサリティクラスに属する．繰り込み群に関しては，文献 [7] に詳しい解説がある．

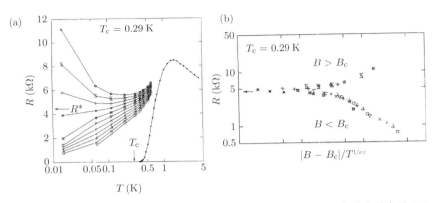

**図 3.12**　(a) 酸化インジウム薄膜 ($\alpha$-InO$_x$) における磁場誘起 S-I 転移を示すグラフ
(左)．グラフの右には，ゼロ磁場における面抵抗の温度依存性が示されている．
(b) (a) の試料で得られた面抵抗値を，スケーリング変数 $|B - B_c|/T^{1/\nu z}$ で
プロットしたグラフ．文献 [16] より転載．Copyright 1990 by the American
Physical Society.

一定にしたまま外部磁場を印加してボルテックスを導入することでも観測され
る．図 3.12(a) は酸化インジウム薄膜を用いた初期の代表的な実験である [16]．
ゼロ磁場では $T_c = 0.29$ K の明瞭な超伝導転移を示すものの，$B \approx 0.5$ T の磁
場の印加により，最低温度域 ($T \approx 0.01$K) での面抵抗の温度依存性が超伝導的
な振る舞い ($dR/dT > 0$) から絶縁体的な振る舞い ($dR/dT < 0$) へと変化する．
一方で，絶縁体転移を引き起こす磁場の領域でも，$T \approx 0.5$ K の高温側では抵
抗は減少しており，試料中にはクーパー対が形成されていることを示唆してい
る．すなわち，臨界点付近ではまだ超伝導の秩序変数の振幅 $|\Psi|$ は有限の値を
とっていて，S-I 転移は位相の量子ゆらぎによって生じていると考えられる．

　この相転移が量子相転移ならば，磁場 $B$ を量子相転移を引き起こすパラメー
タとして，3.3.3 項と同様のスケーリング理論が適応できる．この場合，臨界磁
場を $B_c$ として，面抵抗値 $R$ は式 (3.26) における変数を $d - d_c \to B - B_c$ と置
き換えることで以下の式により表される．

$$R(B - B_c, T) = R_c f \left( \frac{|B - B_c|}{T^{1/\nu z}} \right) \tag{3.27}$$

図 3.12(b) はスケーリング解析の結果を示す．$B < B_c$ の超伝導相と $B > B_c$ の

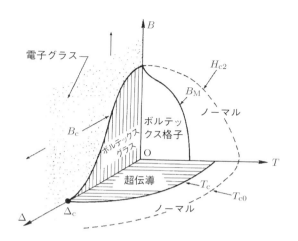

図 **3.13** フィッシャーの理論による乱れを含む 2 次元超伝導体の相図. $T$ は温度, $B$ は磁場, $\Delta$ は乱れの程度を表す. 文献 [13] より転載. Copyright 1990 by the American Physical Society.

絶縁相のそれぞれの領域で, 面抵抗値のデータは 1 つの曲線に乗り, 臨界指数の積として $\nu z = 1.26$ が得られた. また, 臨界面抵抗は $R_c = 4.45$ kΩ であり, 量子化抵抗 $R_Q = 6.45$ kΩ に近い. これらの実験事実から, 外部磁場の印加による S-I 転移はクーパー対とボルテックスの 2 種類のボゾンの競合による量子相転移であると考えられる.

　フィッシャーの理論によると, 乱れた 2 次元超伝導体は図 3.13 に示すような相図をもつ [13]. ここで $\Delta$ は系の乱れを表すパラメータである. 特に $T = 0$ での量子相転移に注目すると, 系は乱れが小さく低磁場の領域で超伝導相をとり, 乱れが大きく高磁場の領域で絶縁相をとる [12]. この 2 つの相の間には他の相は存在せず, 乱れの大きさまたは磁場をパラメータとして変化させることで, 系は超伝導相と絶縁相の間を直接に移り変わる.

　上述した実験結果はこの理論モデルを支持しているが, 一方で極低温領域で抵抗値が一定の値に近づき金属的な振る舞いを見せる実験も多く報告されてい

---

[12) 図 3.13 では超伝導相はボルテックスグラス (vortex glass) 相, 絶縁相は電子グラス (electron glass) 相と表記されている. グラスとは秩序変数がランダムではあるが固定された値をとることを意味している.

る．このような超伝導相と絶縁相の間に存在するように見える領域は「異常金属相」などと呼ばれ，その存在については統一的な見解がなかった．近年，結晶性の良い 2 次元超伝導体の研究とともにこの問題が再認識され，その解明が進んでいる．最近の進展については，第 5 章において説明する．

# 第4章

# 表面界面・原子層における2次元超伝導

今世紀に入ってから，実験技術の発展により原子スケール厚さと良好な結晶性をもつ2次元超伝導体がさまざまな物質系で実現できるようになった．このような原子スケール厚さの2次元結晶では，そのすべての部分が表面界面から構成されており，もはやバルクに対応する部分は存在しない．表面界面は注目している系が外界または異なる物質系と接触する場であり，一般に不純物や異種原子との混在化が起こりやすく，結晶性も劣化する傾向にある．理想的な結晶性2次元超伝導体の実現には，表面界面の原子レベルでの制御技術や超高真空における計測技術の発展，新しいデバイス構造の発明や，グラフェンに代表される2次元物質の創製などが深く関与している．

本章では，表面界面・原子層における2次元超伝導体について，具体的な例をあげながら説明する [1]．

## 4.1 半導体表面上の金属原子層

### 4.1.1 結晶性超薄膜 —STM 測定—

第3章で説明したように，超伝導薄膜の厚さが原子スケールの2次元極限に近づくと，一般に超伝導性を失って絶縁化する．この現象は一見普遍的なように見えるが，系の乱れの増大が本質的な役割をしていることに注意したい．超伝導–絶縁体 (S-I) 転移の標準的な理論によると，超伝導秩序変数の位相の量子ゆらぎによって相転移は起こり，臨界点における面抵抗値は量子抵抗 $R_Q = 6.45\ \mathrm{k\Omega}$ の程度になる．よって，面抵抗がこの値より十分に低くなるように，試料の結

---

[1] 総括的なレビューとしては文献 [1] を参照のこと．

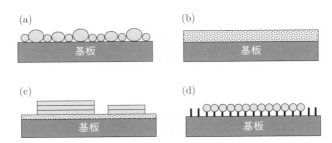

**図 4.1**    基板表面での金属薄膜成長の模式図.    (a) 微粒子薄膜.    (b) アモルファス薄膜.
(c) 結晶性超薄膜. 第 1 層目はアモルファス的な濡れ層であることを示す.    (d)
表面超構造. 基板表面との共有結合により原子層が安定化する.

晶性を保ちながら原子層の厚さにまで到達できれば, この 2 次元結晶は超伝導
状態を維持できるはずである.

このような理想的な状況を実現するための 1 つの方法は, 超高真空環境下で
表面科学的な手法により試料を作製することである. 原子レベルで清浄でかつ
平坦な半導体表面の上では, 高い結晶性と化学的純度をもつ 2 次元薄膜の成長
が可能となる. 特にシリコン (Si) 基板上に成長する鉛 (Pb) 薄膜は, 理想的な
性質を有している. Si 基板と Pb 薄膜の界面は原子スケールで急峻であり, 室
温で成長させた Pb の第 1 層目はアモルファス的な構造をとって, 濡れ層とし
て Si 表面を一様に覆う. Pb は第 2 層目から結晶性アイランドとして成長し,
その厚さ $d$ は広い範囲にわたって一定で原子層の整数倍となる [2]. 従来の S-I
転移の研究で用いられてきた微粒子薄膜またはアモルファス薄膜と, 表面科学
的な手法で作製された結晶性超薄膜との違いを, 模式的に図 4.1(a)-(c) に示す.

このような結晶性超薄膜を実験的に調べるためには, 走査トンネル顕微鏡
(scanning tunneling microscopy, STM) が有力な手法となる. STM は試料表面
形状を観測することで個々のアイランドの厚さを直接に決定し, トンネル分光
測定により超伝導ギャップを観測できるので, その膜厚依存性を調べることが
可能である. 代表的な実験の結果を図 4.2 に示す [17]. 図 4.2(a) の STM 像か
ら, Si(111) 基板上の Pb 超薄膜は上述したように平坦なアイランド状に成長す
ることがわかる. 図 4.2(c) はこのアイランド上で行われたトンネル分光の結果

---

[2] 以下の説明では, 超薄膜の厚さ $d$ に濡れ層を含めない.

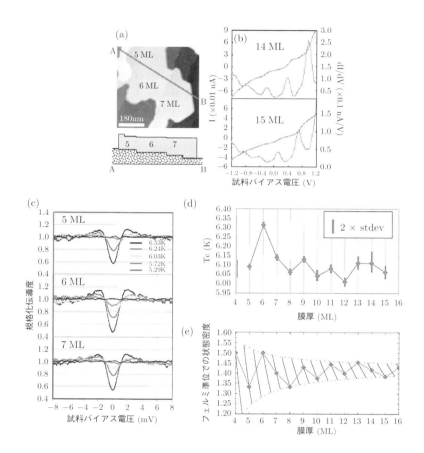

**図 4.2**　(a) Si(111) 基板上に成長した Pb 超薄膜の STM 像．(b) Pb 超薄膜上でのトンネル分光測定の結果．左軸に電流 ($I$)，右軸に微分伝導度 ($dI/dV$) を示す．(c) Si 基板上に成長した Pb 超薄膜の超伝導ギャップを示す STM トンネル分光測定．(d) STM 測定によって得られた Pb 超薄膜の $T_c$ の膜厚依存性．(e) フェルミ準位における Pb 超薄膜の状態密度の膜厚依存性．文献 [17] より転載．Copyright 2006 by the American Physical Society.

である．フェルミ準位近傍での状態密度を反映する微分伝導度 $dI/dV$ は，膜厚 $d = 5 \sim 7$ ML において明瞭な超伝導ギャップを示す (1 ML $= 0.286$ nm)．図 4.2(d) は超伝導ギャップの温度依存性から求めた $T_c$ の膜厚依存性を示す．$d = 5 \sim 15$ ML で $T_c = 6.0 \sim 6.3$ K であり，バルクの Pb の $T_c = 7.12$ K と比

べて同程度の大きさを保持している．その後，同じ研究グループは，同様の試料を用いることで，$d = 2, 4$ ML において $T_c = 4.9, 6.7$ K を観測している [18]．$d = 2$ ML では面直方向の波動関数の量子化モードはフェルミ準位以下に 1 つしか存在しない．このように，良好な結晶性をもった Pb 超薄膜においては，超伝導は膜厚が減少してもほとんど抑制されないことが明らかになった．

　結晶性の Pb 超薄膜の特徴として，面直方向に [111] の結晶方位をもつために電子の波動関数は量子化され，量子井戸状態が形成されることがあげられる．以下に示すように，量子井戸状態は超伝導転移温度 $T_c$ に影響を与える．エネルギー $E$ における [111] 方向の電子波動関数の波長 $\lambda(E)$ が以下の式を満たすとき，量子化条件を満たして状態密度 $\rho(E)$ は極大値をとる．

$$\frac{4\pi d}{\lambda(E)} + \Phi(E) = 2n\pi \tag{4.1}$$

ただし，$n$ は量子数を表す整数，$\Phi(E)$ は界面での全位相シフトである．この量子井戸状態は，トンネル分光によって直接に観測することができる．図 4.2(b) に，$-1.2$ V $< V < 1.2$ V の範囲の微分伝導度 $dI/dV$ を示す．明瞭なピーク構造が等間隔に並ぶ様子が観測され，ピーク位置が量子化エネルギーに対応する．一方で，エネルギー $E$ をフェルミ準位 $E_F$ に固定して膜厚 $d$ を増加していくと，式 (4.1) より量子化条件を満たす膜厚 $d$ が $\lambda(E_F)/2$ の周期で現れる．すなわち，フェルミ準位での状態密度 $\rho(E_F)$ は周期 $\lambda(E_F)/2$ で振動する．第 2 章で示した BCS 理論の式 (2.34) によると，$T_c$ は $\rho(E_F)$ に指数関数的に依存するので，$T_c$ も同じ周期で振動する．Pb 結晶の (111) 方向には $\lambda(E_F) \approx 4$ ML であるため，周期は約 2 ML となる．

　図 4.2(d) からわかるように，STM 測定によって決定された $T_c$ は膜厚 $d$ の関数として予想された約 2 ML の周期で振動する．図 4.2(e) は計算によって得られた $\rho(E_F)$ を $d$ の関数として表示したもので，$T_c$ の振動の振る舞いと非常に良い一致を示す．このように，高結晶性の超伝導超薄膜の $T_c$ は，顕著な量子サイズ効果を示す．Pb 超薄膜の超伝導と $T_c$ の量子振動は，一様な膜厚をもつ試料を作製することで，電子輸送測定によっても観測されている [19, 20]．

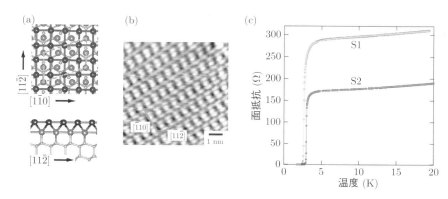

**図 4.3** (a) Si(111)-($\sqrt{7} \times \sqrt{3}$)-In 超構造の 原子構造モデル. 文献 [23] より転載. Copyright 2012 by the American Physical Society. (b) 典型的な走査トンネル顕微鏡像. 文献 [22] より転載. Copyright 2011 by the American Physical Society. (c) 超伝導転移を示す面抵抗値の温度変化. 文献 [24] より転載.

### 4.1.2 表面超構造 —電子輸送測定—

Si などの半導体を超高真空環境下で清浄化すると，表面では結晶の周期性が途切れているため，結合に関与しない電子軌道（= ダングリングボンド）が多数表面に露出する．このような表面に吸着した金属原子が基板最表面の原子と共有結合を形成して結晶化すると，多くの場合バルクとは異なる周期構造を形成する．これを表面超構造と呼び，結晶性超薄膜の究極の形ともみなせる（図 4.1(d)）．Pb および In が Si(111) 表面に吸着した表面超構造においても STM によって超伝導ギャップの観測が報告され，1ML 厚さの 2 次元結晶でも超伝導状態が存在することが示された [21]．ただし，表面超構造は超高真空環境でのみ存在できるため，STM 測定には適しているが，一般に大気中での電極の取り付けが必要となる電子輸送測定を行うのは難しい．電子輸送測定は超伝導の研究にとって不可欠であり，このような実験のためには新たな装置開発が必要となる．以下では，よく知られた表面超構造である Si(111)-($\sqrt{7} \times \sqrt{3}$)-In の超伝導輸送特性について紹介する [22]．

Si(111)-($\sqrt{7} \times \sqrt{3}$)-In は，Si(111) 表面上に成長した In 原子 2 層からできた原子層結晶であり，これは In バルク結晶の [100] 方向の単位胞長さ（= 0.495 nm）

に相当する [3]．$\sqrt{7} \times \sqrt{3}$ は，Si(111) の理想表面に対する 2 次元結晶の周期性を示す．STM 測定で観測される超伝導ギャップから求められた超伝導転移温度は，$T_c = 3.18$ K である [21]．これは，In のバルク結晶の $T_c = 3.4$ K とほとんど変わらない．図 4.3(a) に Si(111)-($\sqrt{7} \times \sqrt{3}$)-In の原子構造モデルを示す [23]．In 原子層の第 1 層目は基板の Si のダングリングボンドと共有結合的に結合し，原子層結晶を安定化させている．図 4.3(b) は，この系の典型的な STM 像であり，$\sqrt{7} \times \sqrt{3}$ 周期に対応したダイマー（2 量体）状の構造が規則正しく配列していることがわかる [22]．

図 4.3(c) に，Si(111)-($\sqrt{7} \times \sqrt{3}$)-In 表面構造の面抵抗値の温度変化を示す．温度が低下するに従って抵抗値は徐々に減少していくが，5 K 付近から加速度的に減少し，約 3 K で急激に降下してほぼゼロになる．$T \gtrsim 3$ K での抵抗値の降下は超伝導の前駆現象を示しており，2 次元系における超伝導秩序の振幅ゆらぎの式 (3.5) で示された温度依存性に従う．これは系の 2 次元性を端的に示すものである．また，試料の面抵抗値に注目すると，転移温度より高温のノーマル状態の領域では 300 Ω 程度以下であり，量子化抵抗値の 6.45 kΩ よりも十分に小さい．このために，S-I 転移を起こさずに超伝導状態が実現すると考えられる．高い結晶性をもつ試料では面抵抗は数十 Ω であり，抵抗値が低いほど観測される $T_c$ は高くなる．

以下，この系で観測された重要な超伝導特性について述べる．

● 超伝導臨界電流

図 4.4(a) は転移温度以下における電流–電圧 ($I - V$) 特性の温度依存性を示したものである．例えば $T = 2.83$ K ではバイアス電流が 350 $\mu$A 以上の領域で直線的な $I - V$ 特性を示しており，これは超伝導が壊れてノーマル状態に戻ったことを意味している．超伝導状態からノーマル状態への遷移は非常に急峻であり，これから臨界電流値が明確に定義できる．

図 4.4(b) は臨界電流密度 $J_c$ を温度の関数としてプロットしたもので，$T = 0.9$ K において $J_c = 5.8 \times 10^5$ Acm$^{-2}$ という大きな値に達する．興味深いこと

---

[3] 原子 1 層（1/2 単位胞）になると，In 原子の配列は再構成をして，まったく異なる原子構造と電子状態をとるようになる．この表面構造は，低温で電荷密度波を作り絶縁体化するので，超伝導にはならない [25]．

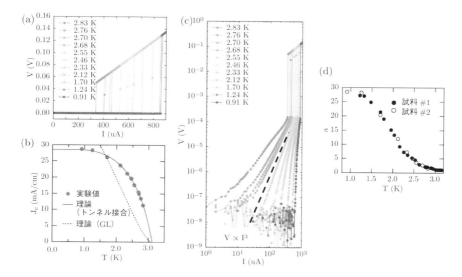

**図 4.4** Si(111)-($\sqrt{7} \times \sqrt{3}$)-In）の超伝導輸送特性 [26]. (a) 電流–電圧 ($I-V$) 特性の温度依存性. (b) 臨界電流密度 $J_c$ の温度依存性. 実線および点線はそれぞれ, 式 (4.2) と $J_c \propto [1-(T/T_c)^2]^{3/2}$ の関係式を用いてフィッティングした結果を示す. (c) (a) を log-log プロットで表示したもの. (d) $I-V$ 特性のべき指数 $a$ の温度依存性.

に, $J_c$ の温度依存性はトンネル接合に対する直流ジョセフソン効果の臨界電流の温度依存性

$$J_c = \frac{\pi \Delta(T)}{2e\rho_n} \tanh\left(\frac{\Delta(T)}{2k_B T}\right) \tag{4.2}$$

に良く一致する. ここで, $\rho_n$ は接合の単位面積（ここでは単位長さ）あたりのノーマル抵抗値, $\Delta(T)$ は温度 $T$ における超伝導ギャップである. 一方で, GL 理論から得られる超伝導臨界電流の温度依存性 $J_c \propto [1-(T/T_c)^2]^{3/2}$ には一致しない（図 4.4(b)）. この結果は, 電流が流れる In 原子層の中にジョセフソン接合が存在することを示唆するものである. 実は 5.1.1 項で議論するように, 試料表面にはシリコン基板に由来する原子スケール高さのステップ構造（原子ステップ）が分布しており, In 原子層は原子ステップによって切断されている. この原子ステップが, ジョセフソン接合の役割を果たしていると考えらえる.

● KT 転移

図 4.4(c) は，図 4.4(a) のデータを log-log プロットで表示したものである
が，臨界電流値以下の領域にも，実は有限の電圧が発生していることがわか
る．ゼロバイアス付近ではグラフの傾きが直線的であることから，$I-V$ 特性
は $V \propto I^a$ のように表される．べき指数 $a$ を温度の関数としてプロットした
ものが図 4.4(d) であり，$T = 2.63$ K で $a = 3$ を超えることから，3.2 節で説
明した KT 転移が起こっていることが示唆される．しかし，KT 転移特有の
$a = 3$ でのユニバーサルジャンプは観測されていない．これは原子ステップ
の存在によりボルテックス間の長距離相互作用が乱されて，KT 転移がブロー
ドになったためと解釈できる．一方で，この試料では超伝導秩序の振幅ゆら
ぎがゼロになる温度として $T_{c0} = 3.13$ K が得られた．2.63 K $\lesssim T < 3.13$ K
では試料抵抗値はノーマル状態での値に比べて非常に低いものの，超伝導の
位相は大きくゆらいでおり，$T \lesssim 2.63$ K で超伝導の位相の秩序化が起こっ
て，真の超伝導状態が確立すると考えられる．

半導体表面上の金属原子層では，さまざまな系で超伝導が確認されている
[27–30]．この系での特徴として，固体表面では空間反転対称性が破れ，ラシュ
バ型のスピン軌道相互作用が現れることがあげられる [28]．例えば，TlPb の合
金原子層からなる Si(111)-($\sqrt{7} \times \sqrt{3}$)-TlPb は $T_c = 2.25$ K で超伝導転移を起こ
す一方で，フェルミ面上で大きなスピン分裂を有する [29]．ラシュバ型スピン
軌道相互作用が超伝導に与える影響については，5.3 節で扱う．

## 4.2 銅酸化物超伝導体

### 4.2.1 La$_{2-x}$Sr$_x$CuO$_4$/La$_2$CuO$_4$ ヘテロ界面

代表的な高温超伝導体である銅酸化物超伝導体は，伝導層としての CuO$_2$ 面
とその間に挟まれた絶縁層が積層してできた結晶構造をとる．銅酸化物超伝導
体の母物質は強相関効果によって絶縁体化したモット絶縁体であり，母物質に
化学ドーピングを行うことでホール（または電子）が CuO$_2$ 面に注入されて超

伝導が発現することがよく知られている．その一方で，その超伝導発現の微視的な機構については，発見から30年以上経った現在でも統一的な見解は得られていない．

銅酸化物超伝導体では $CuO_2$ 面が絶縁層によって互いに隔離されていることから，元来2次元性が強く，いわゆる擬2次元物質の一種とみなせる．伝導を担う $CuO_2$ 面の数を減らして，究極的に1枚になった場合にも超伝導が発現するかどうかは，超伝導の発現機構にも関係する重要な問題であり，発見された当初から興味をもたれていた．銅酸化物超伝導体の発見から数年後には，早くも単位胞厚さの超伝導層を含む薄膜が作製され，イットリウム系 $YBa_2Cu_3O_7$ などの超伝導転移について調べられた [31]．この問題についての明確な結果は最近になってボゾビッチ (Božović) のグループによって報告されており，ここでは彼らの実験を紹介する [32]．

彼らは高度な分子ビームエピタキシー (MBE) 技術を駆使して，ランタン系銅酸化物のヘテロ接合 $La_{2-x}Sr_xCuO_4/La_2CuO_4$ を作製した．図 4.5(a), (b) に $La_{2-x}Sr_xCuO_4$ の結晶構造と，実験で作製されたヘテロ構造の模式図を示す．ここで，$La_2CuO_4$ は超伝導体の母物質となるモット絶縁体である．母物質を構成する La 原子の一部を Sr 原子で置換すると $La_{2-x}Sr_xCuO_4$ となり，$CuO_2$ 面にホールがドーピングされて超伝導が発現する．このとき，$CuO_2$ 単位胞あたりのホール数は x に等しい．超伝導は $0.07 < x < 0.26$ の範囲で発現し，その中央付近で $T_c$ が最も高くなるいわゆるドーム型の相図が知られている（図4.5(c)）．この実験では $x \sim 0.4$ であるため，$La_{2-x}Sr_xCuO_4$ は過剰ドープ域にあり，通常の金属状態の領域にあたる．すなわち，このヘテロ構造では，本来は超伝導にならない2つの試料系から構成されている．しかし，$La_{2-x}Sr_xCuO_4$ と $La_2CuO_4$ がもつフェルミ準位の差によって電荷移動が起こり，$La_2CuO_4$ 側にホールがドープされることによって，$T_c \approx 34$ K の超伝導が発現する．

ドープされたホールは複数の $CuO_2$ 層にわたって存在するが，界面から見て2番目 ($n = 2$) の $CuO_2$ 層でキャリア濃度は $x \approx 0.14$ となる．この値は $La_{2-x}Sr_xCuO_4$ の相図で超伝導転移温度 $T_c$ が最も高くなるドームの頂上にほぼ対応している（図4.5(c)）．隣の $CuO_2$ 層 ($n = 1, 3$) でのキャリア濃度の値 $x \approx 0.05, 0.25$ はドームの境界に位置していることから，超伝導が発現する領域

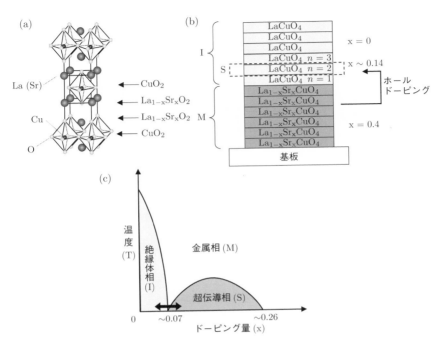

図 4.5 (a) 銅酸化物超伝導体 $La_{2-x}Sr_xCuO_4$ の結晶構造. (b) 文献 [32] で作製された $La_{2-x}Sr_xCuO_4/La_2CuO_4$ ヘテロ構造の模式図. (c) $La_{2-x}Sr_xCuO_4$ のドーピング量 (x) および温度 $T$ に関する相図. 両矢印は絶縁体相と超伝導体相の間の相転移を示す (4.5.3 項を参照).

は, $n = 2$ の $CuO_2$ 層にほぼ限定されている. このことは, 個々の $CuO_2$ 面ごとに Cu 原子を Zn 原子で置換することで, 超伝導が発現する $CuO_2$ 面を特定することでも確認できる. すなわち, Zn 原子での置換により超伝導は抑制されるが, この効果は $n = 2$ の $CuO_2$ 面に置換したときに最も顕著であった. これらの結果から, このヘテロ構造ではただ 1 枚の $CuO_2$ (1/2 単位胞) が超伝導の発現を担っていると結論された.

同じ研究グループはこの MBE 成長技術を発展させて, 単位胞厚さの $La_{2-x}Sr_xCuO_4$ 超薄膜も作製し, ゲート電極を用いたキャリア密度の制御も行った [33]. この実験については, 4.5.3 項で紹介する.

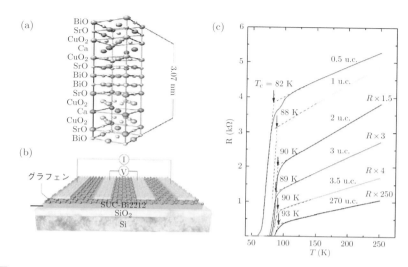

図 4.6 (a) $Bi_2Sr_2CaCu_2O_{8+x}$ の単位胞を示す図. (b) 伝導測定のための試料構造を示す模式図. (c) 異なる厚さをもつ $Bi_2Sr_2CaCu_2O_{8+x}$ 原子層の抵抗値の温度変化. 文献 [34] より転載. Creative Commons Attributions 4.0 International Licence.

### 4.2.2 $Bi_2Sr_2CaCu_2O_{8+x}$ 原子層

ビスマス系銅酸化物 $Bi_2Sr_2CaCu_2O_{8+x}$ の結晶は銅酸化物超伝導体のなかでも，$CuO_2$ 面の方向に沿って劈開する性質が強いことが知られている．単位胞には $CuO_2$ 面は 4 枚含まれ（図 4.6(a))，劈開を繰り返すことで，ちょうど単位胞の半分の厚さに相当する $CuO_2$ 面を 2 枚含む原子層にまで劈開することが可能である．これは，グラファイトの劈開を繰り返して，グラフェンを取り出す手法を応用したものである．ただし，グラフェンは大気暴露に対して不活性であるのに比較して，$Bi_2Sr_2CaCu_2O_{8+x}$ 原子層の場合は容易に劣化するので，このままでは伝導測定を行うことはできない．

この問題は試料作製をグローブボックス内の不活性ガス雰囲気にて行い，グラフェンで表面を保護することで解決した．図 4.6(b), (c) に $Bi_2Sr_2CaCu_2O_{8+x}$ 原子層の超伝導転移の例を示す [34]．$T_c$ をオンセット転移（抵抗値が急激な低下を始める温度）で定義すると，最も薄い 1/2 単位胞厚さの試料においても，$T_c = 82$ K とバルクに近い値が観測された．その後，より洗練された実験が

伝導測定だけでなく STM 測定を含めて包括的に行われた. 1/2 単位胞厚さの $Bi_2Sr_2CaCu_2O_{8+x}$ 原子層はバルク結晶とまったく同じ超伝導特性を保持していると結論づけられている [35].

<table>
<tr><td>4.3</td><td>鉄系超伝導体</td></tr>
</table>

### 4.3.1　SrTiO₃ 基板上に成長した原子層 FeSe

　鉄系超伝導体は, 銅酸化物超伝導体についで常圧下で高い $T_c$ をもつ物質群である. 層状構造をとるため 2 次元性が強いことや, 非 BCS 的な引力相互作用によりクーパー対が形成されると考えられているなど, 銅酸化物超伝導体と多くの共通点をもつ. そのなかでも, $\beta$ 型 FeSe は PbO 型結晶構造をもつ鉄系超伝導体であり, FeSe 層が積層してできた単純な構造と組成をもつ. 他の鉄系超伝導体に比べると FeSe の $T_c$ は高くはなく, 常圧下では $T_c \sim 8\,K$ である. その一方で, FeSe は複雑な強相関的物性を示すことが知られている. 特に, 構造相転移を伴うネマティック相へ相転移や, BCS 超伝導状態からボーズ・アインシュタイン凝縮状態へのクロスオーバーなどが, 多くの研究対象になっている.

　FeSe の最も興味深い性質の 1 つが, チタン酸ストロンチウム (SrTiO₃) 基板上に FeSe の単原子層を MBE 成長させると $T_c$ が異常に上昇することである. バルク結晶の超伝導体を原子スケール厚さの超薄膜にすると, 超伝導は消失するか, 少なくとも転移温度 $T_c$ は低下するというのが一般的な予想であるため, この現象は大きな注目を集めた. シュエ (Xue) のグループは, STM 測定によって最初にこの系における高い $T_c$ の可能性を示した. [36].

　図 4.7(a) は, 単原子層 FeSe/SrTiO₃(001) 試料の STM 像であり, 良くオーダーした FeSe の格子構造が観測される. 試料の結晶構造を図 4.7(b) に示す. 一方, 図 4.7(c) はこの系の STM トンネル分光測定の結果を示しており, 明瞭なギャップ構造を見ることができる. このギャップ構造が超伝導由来のものであることは, 磁場を印加することによってボルテックスが発生し, その中心部分においてギャップが抑制されることから確認された. $T = 4.2\,K$ での超伝導ギャップ $\Delta$ は $16 \sim 20\,meV$ と極めて大きく, $\Delta$ が消失する温度から $T_c = 60 \sim 70\,K$ が見積も

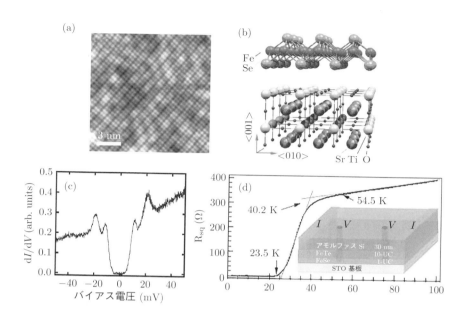

図 **4.7** (a), (b) SrTiO$_3$ 基板上に成長した単原子層 FeSe の (a) STM 像と (b) 結晶構造. (c), (d) 単原子層 FeSe/SrTiO$_3$(001) 試料の超伝導転移を示す実験結果：(c) 走査トンネル分光測定, (d) 抵抗値の温度依存性. (a), (c): 文献 [36], (b): 文献 [37], (d): 文献 [38] よりそれぞれ転載.

られた. ゼロバイアス近傍の有限の領域で微分伝導度はゼロまで落ち込んでいることから, 超伝導のクーパー対の波動関数は $s$ 波的であることが示唆される [4]. この超伝導ギャップの大きさは, 角度分解光電子分光 (angle-resolved photoemission spectroscopy, ARPES) を用いた測定結果とも一致する [39]. ARPES では超伝導ギャップには異方性が存在するもののノード（ギャップがゼロになる点または線）は観測されず, 異方的 $s$ 波超伝導の存在を示す.

　超伝導転移の証拠を直接的に示す電子輸送測定も, 同じグループによって行われている. FeSe 層を保護化して大気中に取り出した試料では, オンセット温度が 40.2 K, ゼロ抵抗に転移する温度が 23.5 K と求められた（図 4.7(d)）[38].

---
[4] 標準的な BCS 超伝導体ではクーパー対の波動関数は $s$ 波だが, 銅酸化物超伝導体では $d$ 波であり, 鉄系超伝導では $s$ 波, $s_{\pm}$ 波, $d$ 波などが候補として議論されている. $d$ 波では波動関数のノードの存在のために, 状態密度で見た超伝導ギャップの形状は V 字型になる.

同じ試料を用いて，マイスナー効果の発現から $T_c = 21$ K が得られている．ただし，電子輸送測定や磁気測定から求められた $T_c$ の値は，STM 測定や ARPES 測定の超伝導ギャップの温度依存性から決められた $T_c$ よりも低い．上述した実験では，保護層として FeSe と同種の結晶構造をもつ FeTe を成長させたものを用いており，保護層が超伝導特性を劣化させている可能性がある．この問題を回避するには，超高真空環境下での測定を行う必要がある．実際，マイクロ 4 端子プローブを利用した超高真空環境での 4 端子抵抗測定では，$T_c = 109$ K という驚くべき値が報告されている [40]．この実験は，最適化された条件での $T_c$ を観測した可能性があるが，現在のところこの結果を再現した実験はない．試料作製の観点からは広い範囲で均一な FeSe 原子層を成長させることが難しいなどの問題があり，超伝導転移温度 $T_c$ の定量的な値に関するコンセンサスは存在しないのが現状である．

### 4.3.2　$T_c$ 上昇のメカニズム

原子層厚さの極限でのみ非常に高い $T_c$ をもつ超伝導が発現することは異常な現象であり，当然そのメカニズムが問題となる．ここで興味深いのは，試料基板を SrTiO$_3$ からシリコンカーバイド (SiC) 上に成長したグラフェンに代替すると，単原子層極限では超伝導は消失してしまうことである [41]．これは，基板として用いた SrTiO$_3$ が $T_c$ の上昇に大きな役割を果たしていることを示している．

現在のところ，$T_c$ の上昇を引き起こす最も重要な要因は SrTiO$_3$ 基板からの電子ドーピングと考えられている．すなわち，SrTiO$_3$ は酸素欠損が生じやすく，容易に電子ドープされた状態になるため，SrTiO$_3$ 側の余剰電子が FeSe 側に移動する現象が生じる．実際に電荷移動が生じることは ARPES 測定によって確かめられている [44]．図 4.8(a), (b) に示すように，FeSe のバルク結晶のフェルミ面は Γ 点付近でのホールポケットと M 点付近での電子ポケットから構成されているが，実験結果によると，単原子層 FeSe/SrTiO$_3$ ではホールポケットが消失し，M 点ではより大きな電子ポケットが形成される [44,45]．このフェルミ面の再構成によって高い $T_c$ をもつ超伝導が発現すると考えられる．ここで述べた描像は，アルカリ金属の蒸着による化学ドーピングや電気 2 重層 FET

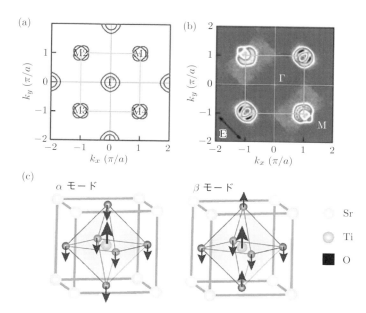

図 4.8 (a) 第一原理計算によって求められた $\beta$ 型 FeSe バルク結晶のフェルミ面. (b) 角度分解光電子分光によって得られた単原子層 FeSe/SrTiO$_3$(001) 試料のフェルミ面. (c) STO 基板の 2 種類の光学フォノンモード. (a), (b): 文献 [42] より転載. Creative Commons Attributions 4.0 International Licence. (c): 文献 [43] より転載. Copyright 2016 by the American Physical Society.

を利用した電界誘起ドーピングによっても確かめられている [46,47]. SiC/グラフェンや酸化マグネシウム (MgO) など,SrTiO$_3$ 以外の基板を用いた場合でも,ドーピング量を最適化することで,$T_c$ は 40 ~ 50 K 程度まで上昇することが報告された [46,47].

しかし,STM や ARPES 測定で示唆される 60 ~ 70 K 程度の非常に高い $T_c$ の発現には,やはり FeSe を SrTiO$_3$ 基板上で MBE 成長させることが必要で,しかも単原子層の場合に最も高い $T_c$ が得られる.これは,基板からの電荷移動だけではなく SrTiO$_3$ 基板の光学フォノンモードが影響していることを示唆する(図 4.8(c)).すなわち,フォノンによる電場振動が近接効果によって FeSe 側に侵入して,BCS 機構における電子–フォノン結合を増強することにより,超伝導転移温度が上昇している可能性がある.光学フォノンの振動モードの影

響は，高分解能電子エネルギー損失分光 (high-resolution electron energy loss spectroscopy, HREELS) や STM を用いたトンネル分光によって観測されている [43, 48].

## 4.4 LaAlO$_3$/SrTiO$_3$ 界面

　前節で FeSe 原子層の基板として導入された SrTiO$_3$ はペロブスカイト構造をもつ遷移金属酸化物であり，交互に積層した TiO$_2$ 層と SrO 層により構成されている．SrTiO$_3$ は強い 2 次元性はもたない一方で，誘電率が非常に高い（室温での誘電率が 300 程度）などの特異的な物性をもつ．また，酸素欠損の導入やニオブの置換により電子がドーピングされることで極低温でも電気伝導を示すようになり，$3 \times 10^{19}$ cm$^{-3}$ 以上の高いキャリア密度では，$200 \sim 400$ mK で超伝導転移を起こす．この材料はさまざまな物質を MBE 法または PLD 法によって成長させるための基板としても，広く用いられている．特に，SrTiO$_3$ 基板の上にアルミン酸ランタン (LaAlO$_3$) を PLD 法により成長させて作製した 2 次元ヘテロ構造は，その界面で高移動度をもつ 2 次元電子系が形成されることから注目を集めた [49]．図 4.9(a) にヘテロ構造の結晶構造を示す．

　LaAlO$_3$/SrTiO$_3$ 界面における 2 次元電子系の形成は，「分極崩壊」(polar catastrophe) と呼ばれるメカニズムによって説明される．SrTiO$_3$ を形成する TiO$_2$ 層と SrO 層は電荷を帯びていないのに対して，LaAlO$_3$ を形成する AlO$_2$ 層と LaO 層はそれぞれ，ユニットセルあたり $-e$ と $+e$ の電荷を帯びており，面直方向の分極が存在する．このため，ヘテロ構造の界面の電位を基準にとると最表面の AlO$_2$ 層での電位 $U$ は，AlO$_2$/LaO を単位とした層数 $n$ に比例して，増加していく．$n \to \infty$ で $U$ は発散するため，このような状況は現実には起こりえない．よって，$U = 0$ の状態に戻そうとして，途中で最表面の AlO$_2$ 層から界面の TiO$_2$ 層（SrTiO$_3$ 側の最表面）へ，ユニットセルあたり 1/2 個の電子が移動することになり，これが分極崩壊である（図 4.9(b)）．理想的にはこのメカニズムによって，$n_{2D} = 3.4 \times 10^{14}$ cm$^{-2}$ のキャリア密度をもつ 2 次元電子系が界面に形成されることになる．現実の試料では界面で原子構造の再構成な

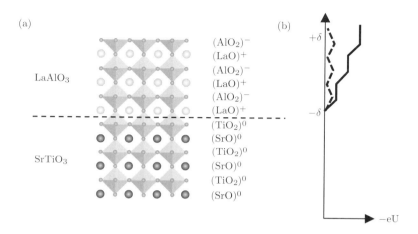

図 **4.9**　(a) LaAlO₃/SrTiO₃ ヘテロ構造の結晶構造の模式図. (b) 分極崩壊の前 (実線) と後 (点線) での LaAlO₃/SrTiO₃ ヘテロ構造におけるポテンシャルエネルギー $-eU$ の模式図.

どが起こるため, 状況はこれよりはるかに複雑であり, キャリア密度は一般に $10^{13} \sim 10^{14}$ cm$^{-2}$ となる.

　LaAlO₃/SrTiO₃ ヘテロ構造の 2 次元電子系が超伝導転移を起こすことは, マンハルト (Mannhart) らによって初めて示された [50]. 約 200 mK での超伝導転移と, 磁場を印加することでノーマル状態へと変化する様子が明瞭に観測されている. 実験に使われた試料の面抵抗値は $R \sim 400\Omega$ であり, これは量子化抵抗値 $R_Q = 6.45$ kΩ よりも十分に小さい. この試料に対してホール効果から求められたキャリア密度は $n_{2D} \approx 4 \times 10^{13}$ cm$^{-2}$, 超伝導の臨界磁場から求められた GL コヒーレンス長は $\xi_{GL} \approx 70$ nm であった. 界面で伝導電子が存在する領域の面直方向の幅は $d \approx 10$ nm と見積もられるので, $d < \xi_{GL}$ よりこの系は 2 次元超伝導とみなすことができる. 超伝導としての 2 次元性は, 面内方向の臨界磁場 ($B_{c2\parallel}$) と面直方向の臨界磁場 ($B_{c2\perp}$) との比が $\sim 20$ と非常に大きいことからも確かめられる [51].

　LaAlO₃/SrTiO₃ ヘテロ界面では, 超伝導だけではなく, 強磁性も発現することが報告されており, 超伝導と強磁性が相分離しながらも同時に存在することが観測されている [52,53]. SrTiO₃ は極めて誘電率が高いことから, ゲート電

極によるキャリア濃度の制御も可能である．これを利用したキャリア誘起超伝導–絶縁体 (S-I) 転移の研究も行われている [54]．

## 4.5　電気 2 重層電界効果トランジスタ (FET) 界面

　前節で紹介した $LaAlO_3/SrTiO_3$ ヘテロ界面では，自発的な電荷移動により 2 次元電子系が形成されるが，このような物質の組み合わせは限られる．一般的に半導体や絶縁体の界面で 2 次元電子系を実現するには，ゲート電極を取り付けて電界効果トランジスタ (field-effect transistor, FET) 構造を作製し，電界誘起によるキャリアドーピングを行う．近年，電気 2 重層を利用した FET が発明され，従来の限界を超える高いキャリア密度の 2 次元電子系をさまざまな系で実現できるようになった．この手法を利用した 2 次元超伝導の研究が進んでいる．

### 4.5.1　電気 2 重層 FET の原理

　図 4.10(a) に示すように，一般的な半導体 FET は，金属 (M) のゲート電極，酸化物絶縁層 (O)，半導体 (S) から構成される MOS 構造をとっている．厚さ $d$，比誘電率 $\epsilon_r$ の絶縁層をはさんでゲート電極に電圧 $V$ を印加すると，試料界面においてキャリアが誘起され，その 2 次元キャリア密度 $n_{2D}$ は以下の式に従う．

$$n_{2D} = \frac{\epsilon_0 \epsilon_r V}{ed} \tag{4.3}$$

ここで，$\epsilon_0$ は真空の誘電率である．FET のゲート電圧 $V$ を上げると，それに比例してキャリア密度 $n_{2D}$ も大きくなるが，ある電圧で絶縁破壊が起こるため，それ以上は電圧を上げられない．絶縁層として一般的な $SiO_2$ を採用すると，絶縁破壊電界強度 $V/d = 10^9$ V/m，$\epsilon_r = 3.9$ を式 (4.3) に代入して，最大キャリア密度として $n_{2D} = 2.2 \times 10^{13}$ cm$^{-2}$ を得る．

　これに対して，電気 2 重層を利用した FET 構造では，ゲート電極としてイオン液体などの電解質を利用する．図 4.10(b) に示すように，試料とゲート電極の間を液体の電解質で満たし，電圧 $V$ を印加すると試料界面で正電荷と負電荷

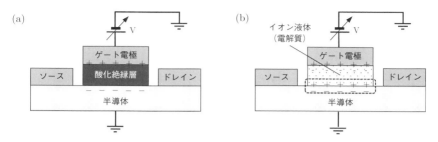

**図 4.10** (a) 一般的な電界効果トランジスタ (FET) の模式図. (b) イオン液体（電解質）を用いた FET の模式図. 点線で囲んだ界面領域に電気2重層が形成される.

が狭い間隔 $d$ で向き合って並んだ電気2重層が形成される. この場合, 試料界面で誘起されるキャリア密度 $n_{2D}$ の最大値は, 電解質による電気化学反応が起こる閾値電圧 $V_{th}$ によって決まる. 例えば, $V_{th} = 4$ V, $t = 0.6$ nm, 電解質の比誘電率 $\epsilon_r = 10$ として式 (4.3) に代入すると, $n_{2D} = 3.7 \times 10^{14}$ cm$^{-2}$ となる. この値は, 通常の FET 構造における最大キャリア密度よりも約1桁大きい.

この電気2重層 FET の手法を SrTiO$_3$ に適応することで, 化学ドープされていない絶縁体に対して初めて電界誘起超伝導が実現された [55]. 界面での2次元キャリア密度は最高で $n_{2D} = 1 \times 10^{14}$ cm$^{-2}$ であり, 超伝導転移温度 $T_c = 0.4$ K は Nb を化学ドープして得られるバルク SrTiO$_3$ 結晶での値と同程度である.

### 4.5.2 電気2重層 FET 界面における超伝導

上の手法はさまざまな絶縁性試料に対して適応可能だが, ここでは二硫化モリブデン (MoS$_2$) を代表例として紹介する. MoS$_2$ はグラファイトと同様の蜂の巣 (honeycomb) 2次元構造から構成された層状物質であり（図 4.11(a)）, 代表的な遷移金属カルコゲナイドである. 結晶を構成する各原子層はファンデルワールス力により弱く結合しているため, グラファイトと同じく劈開によって容易に原子レベルで平坦な表面が得られる. これは, 電気2重層 FET を作るための有利な条件となる. また劈開を繰り返すことで, 原子層厚さの試料を作製することも可能となる.

岩佐らは, MoS$_2$ を劈開してできるフレーク状の試料を用いて電気2重層 FET を作製し, 超伝導転移を観測した [56]. 試料面抵抗値 $R_s$ の温度 $T$ とゲート電

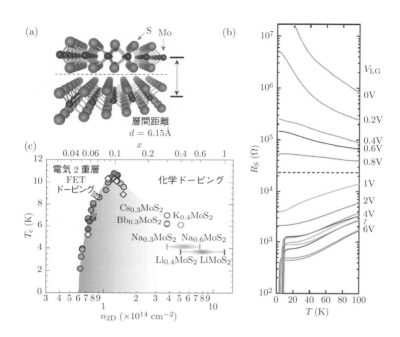

図 **4.11**　(a) MoS$_2$ の結晶構造. (b) ゲート電圧によって変調された MoS$_2$ 電気 2 重層
　　　FET の抵抗値の温度依存性. 絶縁体から超伝導への転移を示す. (c) 超伝導
　　　転移温度 $T_c$ のキャリア密度 $n_{2D}$ に対する依存性. 文献 [56] より転載. From
　　　J. T. Ye, Y. J. Zhang, R. Akashi, M. S. Bahramy, R. Arita, and Y. Iwasa:
　　　Science 338 (2012) 1193. Reprinted with permission from AAAS.

圧 $V_{LG}$ に対する依存性を図 4.11(b) に示す. $V_{LG} = 0$ V では温度降下ととも
に $R_s$ は急激に増大し, 絶縁体的な振る舞いを示すが, $V_{LG} = 1$ V 付近で金属
的な振る舞いに変化し, $V_{LG} \geq 4$ V では低温で超伝導状態へと転移する. 超伝
導は 2 次元キャリア密度 $n_{2D} = 6.8 \times 10^{13}$ cm$^{-2}$ を閾値として起こり, $T_c$ は
$n_{2D} = 1.2 \times 10^{14}$ cm$^{-2}$ で最高温度 10.8 K をとった後, それ以上の領域では逆に
下がっている (図 4.11(c)). この振る舞いは, 銅酸化物超伝導体で普遍的に観測
されるドーム型の相図 (図 4.5(c)) に類似している. また, 最高温度 $T_c = 10.8$
K は, 化学ドーピングによって得られた $T_c$ の最高温度よりも 40% も高くなっ
ていることは注目される.

　MoS$_2$ 界面に誘起された 2 次元電子系の幅 $d$ は, 面内臨界磁場の温度依存性

から $d = 1.5$ nm と見積もられた．$MoS_2$ の層間距離は 0.65 nm であるため，この幅は原子層 2〜3 枚分に相当する．界面近傍の非常に狭い領域にキャリアが集中するのは，その高い密度のためにゲート電極からの電場がフェルミ波長程度の距離で静電遮蔽されるためである．このため，$MoS_2$ の電気2重層 FET 界面は，原子スケール厚さの超伝導体として扱うことができる．例えば，2次元超伝導体の臨界磁場の角度依存性 $B_{c2}(\theta)$ は，式 (2.61) によって与えられ，$MoS_2$ 界面超伝導の実験結果を良く再現する [57].

### 4.5.3 電界誘起 S-I 転移

第3章で説明したように，従来から研究されてきた超伝導-絶縁体 (S-I) 転移は，2次元系に乱れを導入するか，または磁場を印加することによって誘起されるものであった．一方で化学ドーピングを用いてキャリア密度の制御による S-I 転移を起こすことも考えられるが，多数の異なる試料が必要となり乱れの影響も含まれるため，系統的な研究は容易ではない．しかし，電気2重層 FET を利用することで，単一試料に対して連続的にキャリア密度を制御することによる S-I 転移の研究が可能になった．

ボゾビッチのグループは，銅酸化物超伝導体の MBE 成長技術を利用してアンダードープ領域の $La_{2-x}Sr_xCuO_4$ の単位胞厚さの原子層を基板上に作製し，電気2重層 FET によってキャリア密度を変調することで S-I 転移を観測した [33]. もしこの S-I 転移が量子相転移であるとすると，3.3.3 項と同じ議論を適応することで，面抵抗値 $R$ は次の式で表すことができる．

$$R(n - n_c, T) = R_c f\left(\frac{|n - n_c|}{T^{1/\nu z}}\right) \tag{4.4}$$

ここで，$n$ はキャリア密度，$n_c$ は臨界点における $n$ の値，$R_c$ は臨界点における面抵抗値，$\nu, z$ は相関長に関する臨界指数と動的臨界指数，$f(x)$ は $f(0) = 1$ を満たすスケーリング関数である．この解析の結果は，$R_c = 6.45 \pm 0.10$ kΩ, $\nu z = 1.5 \pm 0.1$ であり，すべての臨界点近傍のデータが式 (4.4) に従った．また，臨界抵抗値 $R_c$ はフィッシャーの理論が予言する $R_Q = h/4e^2 = 6.45$ kΩ に実験誤差の範囲内で一致した．

この結果から，彼らは $La_{2-x}Sr_xCuO_4$ の S-I 転移は位相ゆらぎによる量子相

転移であると結論づけた．すなわち，臨界点近傍の絶縁相では位相の大きくゆらいだクーパー対が存在し，キャリア密度が増加することでクーパー対が凝縮し，位相が固定されて超伝導相へと移行すると考えられる（図 4.5(c)）．銅酸化物超伝導体では，他の実験手法によっても絶縁相でのボルテックスやクーパー対の存在を示唆する実験が報告されており，$La_{2-x}Sr_xCuO_4$ の位相ゆらぎによる量子相転移の描像と一致する．

## 4.6　グラフェン

　今日の原子層物質研究の興隆は，グラフェンに端を発する．2004 年にノボセロフ (Novoselov) とガイム (Geim) がグラファイト結晶からスコッチテープを用いて単層グラフェンを取り出し，電界効果トランジスタ (FET) を作製して以来，グラフェン関連の研究は爆発的に広がった．しかし，グラフェン系で超伝導が観測されるまでには時間を費やした．グラフェンはゼロギャップ半導体であり，フェルミ準位付近では状態密度が非常に低いのでそのままでは超伝導の発現にとっては不利である．この節では，超伝導グラフェンに関する代表的な 2 つの実験を紹介する．

### 4.6.1　カルシウムドープ 2 層グラフェン

　グラフェンの母結晶であるグラファイトは 2 次元層状物質であり，構成する原子層の隙間にさまざまな異種原子や分子を挿入することができる．このような異物の挿入による化学ドーピングをインターカレーションと呼び，その結果得られる化合物を層間化合物と呼ぶ．グラファイト層間化合物については，特にカルシウム (Ca) が挿入された層間化合物 $CaC_6$ で，$T_c = 11.5$ K の超伝導が発現することが知られている．このような層間化合物のうちで最も薄い形は，2 層グラフェンの間に異種原子・分子が挿入されたものとなる．

　最近，SiC 基板の上に成長させた 2 層グラフェンに Ca をドープした層間化合物 $C_6CaC_6$ が作製された [58]．図 4.12(a) に示すように，Ca 原子がインターカレーションした 2 層グラフェンは蜂の巣格子に対して $\sqrt{3} \times \sqrt{3}$ の長周期構造を

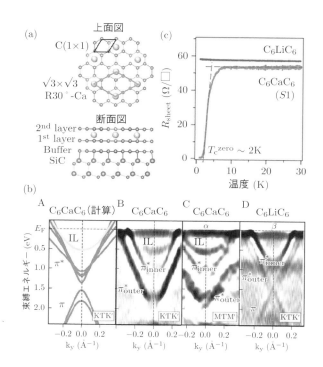

図 4.12 (a) $C_6CaC_6$ 原子構造モデル．(b) 第一原理計算および角度分解光電子分光により得られたバンド分散．A–C: $C_6CaC_6$ D: $C_6LiC_6$．(c) $C_6CaC_6$ および $C_6LiC_6$ の面抵抗の温度依存性．(a), (c): 文献 [59] より転載．(b): 文献 [58] より転載．Copyright (2012) National Academy of Sciences.

形成し，$\sqrt{3} \times \sqrt{3}$ 単位胞に 1 個の Ca 原子が存在する．ARPES 測定によると，$C_6CaC_6$ のフェルミ面は，グラフェン由来の $\pi^*$ 電子バンドと，Ca とグラフェンの層間相互作用によって生じる電子バンドによって構成される（図 4.12(b)，A–C）．フェルミ面の大きさから求めた電荷移動の大きさは Ca 原子 1 個あたりほぼ 2 電子に相当し，2 次元キャリア密度は，$n_{2D} = 1.3 \times 10^{15}\ cm^{-2}$ と見積もられる．

　この系における超伝導転移は，試料を作製した超高真空環境におけるその場電気抵抗測定によって観測された [59]．未ドープ処理の 2 層グラフェンの抵抗値は低温で半導体的な温度変化を示す一方で，Ca をドープすることで抵抗値が

約 1 桁減少し，$T_c = 2$ K で超伝導転移が観測された（図 4.12(c)）．$T_c$ は対応するバルク結晶であるグラファイト層間化合物 $CaC_6$ の $T_c = 11.5$ K に比べると，かなり低下している．この原因として，結晶性の乱れや，バルクの $CaC_6$ と比較して Ca の面密度が半分になるためにキャリア密度が減少していることが考えられる．

Ca の代わりにリチウム (Li) をドープしてもインターカレーションにより同様の $\sqrt{3} \times \sqrt{3}$ 構造を作るが，この場合は少なくとも 0.9 K まで超伝導転移は起こらない（図 4.12(c)）．Li ドープ 2 層グラフェン $C_6LiC_6$ では，層間相互作用によって生じる電子バンドはフェルミ準位より高いエネルギー位置に存在しているため，フェルミ面はグラフェン由来の $\pi^*$ 電子バンドのみから構成されている（図 4.12(b), D）．このことから，Ca ドープによる超伝導の発現には，層間相互作用による電子バンドの存在が重要な役割を果たすことが示唆される．Ca ドープ 2 層グラフェン $C_6CaC_6$ は，母結晶であるグラファイト層間化合物 $CaC_6$ の 2 次元極限であり，その超伝導は電子格子相互作用による従来型の BCS 的超伝導であると考えられる．

### 4.6.2　モアレ超格子 2 層グラフェン

近年，グラフェンに代表されるような層状結晶から取り出した原子層を積層させて，人工的な多層 2 次元物質を作製する研究が，新たな潮流を形成している [60]．これは，異なる原子層をレゴブロックのようにして組み合わせ，個々の部品の特性を活かしながら全体として新しい機能性を生み出そうという発想に基づいている．

人工積層構造においては，新たな自由度として各々の原子層がもつ結晶軸間のねじれ角度が生ずる．よって，従来からのキャリア密度などのパラメータに加え，ねじれ角度の自由度を用いて結晶構造と電子状態を制御することが可能となる．例えば 2 枚の単層グラフェンを積層して微小なねじれ角度 $\theta$ をつけると，モアレ状の超格子が形成される（図 4.13(a)）．ここで，モアレ超格子の周期は $\lambda = a/[2\sin(\theta/2)]$ によって与えられ，$a = 0.246$ nm はグラフェンの格子定数である．このモアレ超格子は 2 次元面内でポテンシャルの長周期変調をもたらすが，特に魔法角 (magic angle) と呼ばれる $\theta = 1.1°$ 付近ではフェルミ面

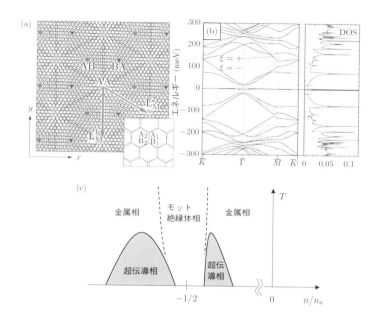

図 **4.13** (a) ねじれ 2 層グラフェン ($\theta = 3.89°$) の原子構造. (b) ねじれ 2 層グラフェ
ン ($\theta = 1.05°$) のエネルギーバンド構造（左）と状態密度（右）. (c) ねじれ
2 層グラフェン ($\theta = 1.16°$) のキャリア密度 ($n/n_s$) および温度 ($T$) に関す
る相図. (a), (b): 文献 [61] より転載. Creative Commons Attributions 4.0
International Licence.

近傍でフラットバンド（極端にエネルギー分散の小さなバンド）が出現する.
図 4.13(b) は $\theta = 1.05°$ のねじれ 2 層グラフェンのエネルギーバンドと状態密
度であり，$E = 0$ 近傍の $\pm 4$ meV 程度の極めて狭い範囲にフラットバンドが存
在することがわかる.

　ハリーヨ・エレーロ (Jarillo-Herrero) のグループは機械剥離によって取り出
した単層グラフェンを用いて，ねじれ角度 $\theta \sim 1.1°$ をもつ 2 層グラフェンを実
際に作製することに成功した [62]. 彼らはねじれ 2 層グラフェンを組み込んだ
FET 構造を作製して，ゲート電圧を印加することでフェルミ準位をフラットバン
ドに合わせ，キャリア密度 $n_{2D}$ を制御した. 試料抵抗は複雑なキャリア密度
依存性を示すが，$n_{2D} = -1.2 \times 10^{12}$ cm$^{-2}$ および $n_{2D} = -1.6 \times 10^{12}$ cm$^{-2}$ を
中心とした領域で，$T_c \approx 1$ K の超伝導状態が発現した. また，その中間のキャ

リア密度では絶縁体的な振る舞いが観測された．超伝導が発現するキャリア密度は極めて低く，Ca ドープ 2 層グラフェンの場合と比較すると $10^3$ 程度も小さい．このような極端に低いキャリア密度にもかかわらず，$T_c \approx 1$ K と比較的高い温度で超伝導転移が起こる．これはクーパー対形成が非常に強い引力によって生じていることを意味しており，通常の電子–格子相互作用による BCS 機構では説明ができない．

　ここでモアレ超格子の長周期ポテンシャルによるバンドを考えると，1 つのバンドを完全に満たすために必要なキャリア密度は，モアレ超構造の単位胞の面積 $A \approx \sqrt{3}a/(2\theta^2)$ を用いて，$n_s = 4/A$ で与えられる（因子 4 はスピンとバレーの縮重度による）．絶縁体的な振る舞いを示すキャリア密度は，バンドが半充填となる $n_{2D}/n_s = 1/2$ に相当しており，系は電子間相互作用によってモット絶縁体相にあることが同じグループから報告された [63]．超伝導は $n_{2D}/n_s = 1/2$ からわずかにずれた両サイドの領域で発現しており，この状況は銅酸化物超伝導体で見られる相図と酷似している（図 4.13(c)）．超伝導の発現機構としては強相関効果が大きな役割を果たしていることが示唆され，現在極めて活発な研究が続いている．

# 第5章

# 2次元超伝導体の物理
## −最近の進展−

第3章で見たように，2次元超伝導体では伝統的に KT 転移や S-I 転移などの超伝導のゆらぎに関する現象が研究されてきた．これらは超伝導のもつ普遍的な性質であり，相転移に関する特徴を数理科学的なモデルで理解することが可能である．これに対して，近年，物質の表面界面や原子層物質において高結晶性の2次元超伝導体が作製されるようになり，結晶構造と欠陥，エネルギーバンド構造，強相関性などマテリアルとしての個性が反映された現象に興味がもたれている．また，S-I 転移の研究においても，従来の理論では説明できない異常金属相の存在が改めて注目されるようになり，新しい発展の段階を迎えている．本章では，2次元超伝導体で発現する興味深い物理現象に関して，最近の進展を中心に紹介する．すべてのトピックスを取り上げることは不可能なので，以下の3つのテーマに絞って説明する．

- 原子ステップ欠陥が及ぼす影響
- 磁場誘起 S-I 転移における異常
- 空間反転対称性の破れとスピン軌道相互作用

## 5.1 原子ステップ欠陥が及ぼす影響

### 5.1.1 ジョセフソンボルテックス

原子層厚さの2次元結晶を分子ビームエピタキシー (MBE) などの手法で成長させるには，一般に原子レベルで平坦かつ清浄な単結晶基板が必要となる．このような基板表面には理想的な結晶方位からのずれに起因して，原子ステッ

プと呼ばれる原子層単位での段差が多数存在している．原子ステップは 1 次元
的な構造欠陥であり，伝導電子にとっては強い散乱体として働く．極端な場合
では，原子ステップはポテンシャル障壁として働き，隣接する平坦な領域（テ
ラス）に成長した原子層の間では，電子はトンネル過程により遷移すると考え
られる．この状況で 2 次元結晶が超伝導状態になると，原子ステップの箇所で
は超伝導 (S)-絶縁体 (I)-超伝導 (S) 接合が形成される（図 5.1(a)）．これはまさ
に 2.3.3 項で説明したジョセフソン接合に他ならない．以下で見るように，ジョ
セフソン接合としての原子ステップの存在は，ボルテックスに大きな影響を与
える．

　ボルテックスの中心は常伝導状態に近くなっているため，超伝導が局所的に
抑制された場所である試料欠陥に捕捉されやすい．ここでは特に原子ステップ
に捕捉された状況を考えよう．この場合，図 5.1(a) に示すように，超伝導電流
は原子ステップを超えて流れることで初めて周回して渦を形成することができ
る．ジョセフソン接合に超伝導電流 $J_s$ が流れると，式 (2.49) に従って，接合
間に位相差 $\Delta\phi$ が発生する．

$$J_s = J_c \sin \Delta\phi \qquad (5.1)$$

ここで，$J_c$ はジョセフソン接合の臨界電流密度である．ボルテックス中心付近
での超伝導電流密度はこの $J_c$ によって制限されており，テラス領域での臨界電
流密度 $J_0$ と比べると十分に小さい．このとき，ボルテックス芯（一般に $\xi_{GL}$
のサイズ）は接合に沿った方向に $J_0/J_c$ の割合だけ伸張する．さらに，通常の
ボルテックス中心では臨界電流密度を超えることで超伝導秩序変数 $\Psi$ が抑制さ
れて $\Psi = 0$ となっていたのが，ジョセフソン接合の近傍ではゼロ電流での値 $\Psi_0$
に向けて回復し，$\Psi \approx \Psi_0[1 - (J_c/J_0)^2]$ となる [64]．このようなボルテックス
は，ジョセフソン接合に発生したボルテックスという意味で，ジョセフソンボ
ルテックス (Josephson vortex) と呼ばれる [1]．

　図 5.1(c)-(h) はジョセフソン接合を 2 次元強結合モデルで近似して，微視的な

---

[1] ジョセフソンボルテックスはビスマス系銅酸化物超伝導体で現れるものが有名である
が，STM による観測例はない．この系では，超伝導を担う $CuO_2$ 面間には弱い結合
しか存在せず，ジョセフソン接合で 2 次元面がつながった 3 次元結晶とみなすことが
できる．この面内方向に磁場を印加することで発生する渦構造は，ここで述べたもの

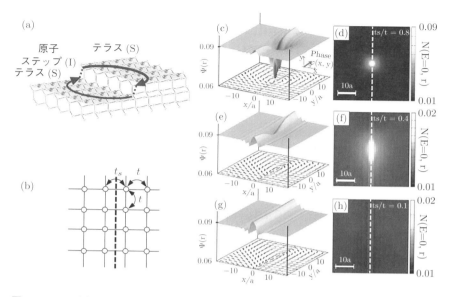

図 5.1　(a) 原子ステップおよびジョセフソンボルテックスの模式図. (b) ジョセフソン接合の 2 次元強結合モデル. 点線はジョセフソン接合の位置を示す. (c)-(h) ジョセフソン接合の 2 次元強結合モデルを BdG 方程式を用いて計算した結果. 超伝導秩序変数 $\Psi(\boldsymbol{r})$ (c, e, g) とフェルミ準位における局所状態密度 $N(E = 0, \boldsymbol{r})$ (d, f, h) を示す. (c), (d) $t_s/t = 0.8$, (e), (f) $t_s/t = 0.4$, (g), (h) $t_s/t = 0.1$. (c)-(h): 文献 [65] から転載. Copyright 2014 by the American Physical Society.

超伝導理論であるボゴリューボフ・ドゥジェンヌ (Bogoliubov-de Gennes, BdG) 方程式を用いて数値計算を行った結果を示す. 接合部およびそれ以外の領域でのサイト間の結合の強さをそれぞれ $t_s, t$ とした (図 5.1(b)). トンネル接合は $t_s/t \ll 1$ に対応する. $t_s/t$ の値が 0.8, 0.4, 0.1 と小さくなるにつれて中心での秩序変数 $\Psi(\boldsymbol{r})$ とフェルミ準位における局所状態密度 $N(E = 0, \boldsymbol{r})$ がバルクでの値に向けて回復し, さらにボルテックス中心が接合に沿った方向に伸長することがわかる. この現象は, 以下に示すように実際に走査トンネル顕微鏡 (STM) を用いて観測された [65].

とよく似ている [64]. ジョセフソンボルテックスとしては他に, バルク超伝導体の平面接合において結合が十分に弱い場合にソリトンとして振る舞うものがよく知られているが [2], ここで紹介したものとは質的に異なる.

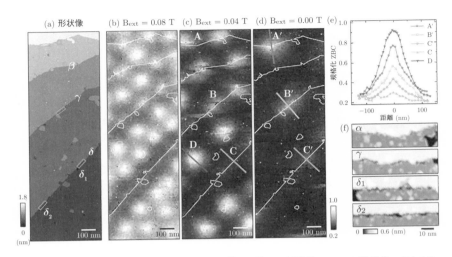

**図 5.2**　(a) 原子ステップをもつ Si(111)-($\sqrt{7} \times \sqrt{3}$)-In 超構造の STM 形状像．(b)-(d) 磁場下での微分伝導度 ($dI/dV$) の 2 次元マッピング像．測定した表面領域は (a) と同じ．(b) $B_{\mathrm{ext}} = 0.08$ T，(c) $B_{\mathrm{ext}} = 0.04$ T，(d) $B_{\mathrm{ext}} = 0.00$ T．(e) 実線 A′, B′, C′, C, D に沿って測定した $dI/dV$ 信号 (ZBC)．(f) ステップ $\alpha, \gamma, \delta_1, \delta_2$ 近傍の STM 形状像．文献 [65] から転載．Copyright 2014 by the American Physical Society.

図 5.2(a) は 4.1.2 項で述べた Si(111)-($\sqrt{7} \times \sqrt{3}$)-In 表面超構造の STM 像であり，表面に複数の原子ステップが観測される．図 5.2(b)-(d) は同じ場所で印加磁場の大きさを変えながら，ゼロバイアスでの微分伝導度 ($dI/dV$) 信号を 2 次元マッピングしたもので，フェルミ準位での局所状態密度 $N(E_{\mathrm{F}}, \boldsymbol{r})$ を画像化したことに相当する．図 5.2(b), (c) では $B_{\mathrm{ext}} = 0.08, 0.04$ T の磁場が印加されており，円形の明るい領域がテラス内に多数並んでいるのがわかる．この明るい領域は通常のボルテックスの中心に対応し，ノーマル状態に近いので状態密度としては高くなっている．

図 5.2(d) は $B_{\mathrm{ext}} = 0.00$ T に戻して測定した結果を示す．原子ステップに捕捉されたジョセフソンボルテックスの中心 (A′, B′, C′) がやや明るい領域として観測される．この領域ではゼロバイアス微分伝導度は通常のボルテックス中心 (D) より低い値となっており（図 5.2(e)），予想どおり超伝導ギャップが回復してフェルミ準位での局所状態密度 $N(E_{\mathrm{F}}, \boldsymbol{r})$ が減少したことを示している．

また，ジョセフソンボルテックスの中心は原子ステップ方向に伸張している．ジョセフソンボルテックス A′，B′，C′ は，図 5.1(d), (f), (h) にそれぞれ対応しており，原子ステップを介したテラス間の結合の強さが場所により異なることを示している．図 5.2(f) の STM 像からわかるように，これらの結合強度は原子ステップ近傍での欠陥の幅に依存する．

### 5.1.2 近接効果と多重アンドレエフ反射

超伝導体 (S) がノーマル金属 (N) に接触していると，S-N 境界からクーパー対が侵入してその近傍でノーマル金属が超伝導状態になる．これは超伝導近接効果と呼ばれ，古くからさまざまな系で研究されているが，近年原子層 2 次元結晶への近接効果が STM によって観察されるようになった [66–68]．

図 5.3(a) は，Si(111) 表面上の Pb 超構造である Si(111)-Pb-SIC（striped incommensurate, 以後 SIC 層と呼ぶ）とその上に成長した Pb アイランドの STM 形状像（微分像）である [66][2]．試料の縦方向には原子ステップがほぼ並行に走っており，それに挟まれる形で Pb アイランドが成長している．図 5.3(b) は STM のゼロバイアス微分伝導度 $dI/dV$ の 2 次元マッピング像であり，Pb アイランドの周辺は十分に離れた領域に比べて暗く表示されている．これは，Pb アイランドからの近接効果によって SIC 層で超伝導ギャップが開き，フェルミ準位での状態密度が低下していることを示している．図 5.3(c) は，Pb アイランドからの距離 $x$（図 5.3(e) を参照）を変えながら $dI/dV$ スペクトルを測定したものである．超伝導近接効果によって形成されたエネルギーギャップが，距離 $x$ とともに減衰する様子を確認することができる．

図 5.3(d) には，超伝導ギャップの大きさの指標となる $-(dI/dV)_{V=0}$ を，Pb アイランド端から原子ステップまでの幅 $L$ を変えながら距離 $x$ の関数として表示した．興味深いことに，$L$ が小さいほど $-(dI/dV)_{V=0}$ の値は大きく，また原子ステップを超えた場所 $(x > L)$ では急激に減少する．これは，近接効果は原子ステップによって閉じ込められ，かつ増強されることを意味している．こ

---

[2] Si(111)-Pb-SIC は $T_c = 1.83$ K の超伝導体であるが，測定温度は $T = 2.15$ K のために，ノーマル状態にある．一方，Pb アイランドは $T_c \approx 6$ K のため超伝導状態になっている．

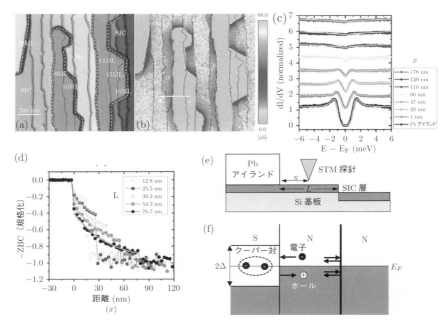

**図 5.3** (a) Si(111)-Pb-SIC 相とその表面上に成長した Pb アイランドの STM 形状像 (微分像). (b) (a) と同じ領域で測定したゼロバイアス微分伝導度 ($dI/dV$) 像. (c) Pb アイランドからの距離に伴う $dI/dV$ スペクトルの変化. (d) 超伝導ギャップの指標となる量 $-(dI/dV)_{V=0}$ の距離依存性. 異なるテラス幅 $L$ に対する結果を示す. (e) Pb アイランド–SIC 層–原子ステップを表す模式図. (f) 超伝導 (S)-常伝導 (N)-常伝導 (N) 接合を表す模式図. (a)-(d): 文献 [66] より転載. Copyright 2016 by the American Physical Society.

の現象は, 以下のように多重アンドレエフ反射によって説明される.

Pb アイランドと原子ステップで分断された SIC 層を模式的に超伝導 (S)-ノーマル金属 (N)-ノーマル金属 (N) 接合として表すと, 図 5.3(f) のようになる. こ こで, 中央の N 側から S 側に向かって入射する, $\boldsymbol{k}\uparrow$ 状態 ($\boldsymbol{k}$: 波数, $\uparrow$: スピン) の電子を考える. 電子の励起エネルギー $E$ が超伝導体のエネルギーギャップ $\Delta$ より小さい場合, 境界に達した電子はそのままでは超伝導体中に侵入できない が, $-\boldsymbol{k}\downarrow$ 状態の電子とペアになってクーパー対を形成することで, 超伝導体中 に侵入することができる. この結果, $-\boldsymbol{k}\downarrow$ 状態のホールが生成されて, 境界か ら反射される. 同様にホールが入射する場合は電子として反射され, これらの

過程はアンドレエフ反射と呼ばれる．アンドレエフ反射は近接効果と表裏一体の現象であり，アンドレエフ反射が強いと近接効果も強く現れる．[69, 70].

S-N 境界では一般にポテンシャル障壁があるため，通常の弾性反射が存在し，アンドレエフ反射の振幅はその分だけ低くなっている．しかし，N 側で別のポテンシャル障壁（ここでは原子ステップがその役割を果たす）が存在すると，電子とホールはアンドレエフ反射と通常の弾性散乱を繰り返して，その姿を変えながら何度も S-N 境界に入射する．この多重反射における干渉効果によって，アンドレエフ反射は増強され，結果として近接効果も増強される [71, 72].

本質的に同じ現象は，超伝導の Pb アイランドで囲まれた SIC 層においても起こり，強い近接効果が STM によって観測されている [67]．また，近接効果によって超伝導状態になった領域に磁場を印加することで，ボルテックスが発生する．この現象も STM で観測されている [68].

## 5.2 磁場誘起 S-I 転移における異常

### 5.2.1 高結晶性 2 次元系での異常金属相

第 3 章で説明したように，急冷凝縮法などで作製した乱れた 2 次元超伝導体では，面直方向に磁場を印加することで，超伝導–絶縁体 (S-I) 転移が起こる．多くの実験では S-I 転移における面抵抗 $R$ の臨界値は，量子抵抗値 $h/4e^2 = 6.45$ kΩ に近い値をとり，フィッシャーの理論によるとこれは超伝導の位相のゆらぎが引き起こす量子相転移によって説明される．この理論ではクーパー対とボルテックスの 2 種類のボゾンの競合により，$T = 0$ ではクーパー対が凝縮した超伝導相かボルテックスが凝縮した絶縁相のどちらかが実現し，金属相は存在しない．しかし，乱れの比較的小さい系では，低温で抵抗値が有限の値にとどまる金属的な状態が有限の磁場範囲で観測される．この相ではクーパー対とボルテックスが凝縮も局在もせずに量子ゆらぎによって液体状に動き回っていると考えられ，異常金属相などと呼ばれている [3]．このような状態が 2 次元系の

---

[3] 文献によっては，量子金属相あるいはボーズ金属相とも呼ばれる．図 5.5 [73] では，量子金属 (quantum metal) と呼ばれている．

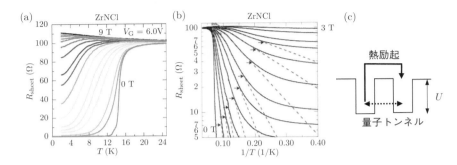

図 **5.4**    (a) 異なる磁場における ZrNCl 電気 2 重層 FET 界面の面抵抗の温度依存性.
(b) (a) のデータを $1/T$ の関数として対数プロットしたグラフ. (c) 熱ゆらぎと
量子トンネルによるボルテックスの移動の模式図. 文献 [73] より転載. Creative
Commons Attributions 4.0 International Licence.

$T = 0$ で実現することは不思議であり,この理論的解明は未解決の問題となっ
ている. [74, 75]

異常金属相は,近年発見された高結晶性の 2 次元超伝導体でも多く観察され
ている [76, 77]. 例として,塩化窒化ジルコニウム (ZrNCl) 界面を用いた実験結
果を示す [73]. ZrNCl は絶縁性の層状物質であり,4.5 節で述べた電気 2 重層
FET の界面において $T_c = 14.6$ K で超伝導が発現する. 図 5.4(a) に示すよう
に,この超伝導状態は $B = 0.05$ T のごく弱い磁場の印加によって抑制され,面
抵抗値 $R$ は最低温度 $T = 2$ K で有限の値に収束する振る舞いを見せる. 磁場
の値を増加していくと,平均場的な相転移温度の値(面抵抗値がノーマル抵抗
の半分になる温度に近い)は低下していき,最低温度における面抵抗値も上昇
していく. 最低温度では,$0.05$ T $< B < 3$ T の広い磁場範囲において,上述し
た異常金属相が実現していると考えらえる.

ここで観測された有限の試料抵抗は,2.3.6 項で説明したように磁場によって
発生したボルテックスの運動に起因する. ただし試料中にはボルテックスに対
するピン止めサイトとしての欠陥が存在しており,磁場が弱いときにはボルテッ
クスは欠陥に捕捉される. そのため,ゼロバイアス電流の極限ではボルテック
スの運動は欠陥によるピン止めサイトから熱的に励起されることで可能になる
(図 5.4(c)). この場合の試料抵抗 $R$ は以下の式で表される.

$$R \propto \exp\left(-U(B)/k_\mathrm{B}T\right) \tag{5.2}$$

ここで，$U(B)$ は活性化エネルギーであり，磁場 $B$ の関数となる．面抵抗 $R$ を $1/T$ の関数としてプロットしたものが図 5.4(b) であり，高温領域ではデータが直線上に乗ることから熱活性型の振る舞いをしていることがわかる．磁場 $B$ を強くしていくと，活性化エネルギー $U(B)$ は低下していき，ボルテックスの熱励起がより活発になって，抵抗値 $R$ も上昇する．これは，図 5.4(b) の直線の傾きが緩くなることに対応している．$B = 1.3$ T の磁場で $U(B) = 0$ となり，ボルテックスは自由なフロー運動を行うようになる．

一方，有限の活性化エネルギーをもつ磁場領域 $(U(B) > 0)$ でさらに温度を低下させると，試料抵抗 $R$ の低下は飽和し，ある一定値に漸近していく（図 5.4(b) の矢印より右の領域）．これは，この温度域ではボルテックスの運動は熱励起ではなく量子的なトンネル過程によって生じることを示唆している（図 5.4(c)）．理論によると，十分低温の領域におけるボルテックスの量子トンネルによる抵抗値は，次の式で表すことができる [78]．

$$R = \frac{\hbar}{4e^2}\frac{\kappa}{1-\kappa},$$
$$\kappa = \exp\left[C\frac{\hbar}{e^2}\frac{1}{R_\mathrm{N}}\left(\frac{B - B_{\mathrm{c}2}}{B}\right)\right] \tag{5.3}$$

ここで，$R_\mathrm{N}$ は試料の常伝導状態での抵抗値，$C$ は無次元の定数である．$T = 2$ K の低温域における試料抵抗 $R$ の磁場依存性は，式 (5.3) によってよく表すことができる．

以上をまとめると，この系における異常金属相とは，ボルテックスがピン止めサイトをトンネル過程によって移動しながら量子的にゆらいだ状態であると考えることができる．電気 2 重層 FET 界面の 2 次元系は単結晶試料を劈開して作製しているため結晶性が良く，また 5.1.1 項で扱ったような基板上にエピタキシャル成長した原子層とは異なり，原子ステップが存在しない．そのためにボルテックスを捕捉するピン止めサイトが非常に少ない．これらのことが，広い範囲での異常金属相の発現に寄与していると考えられる．

## 5.2.2 量子グリフィス相

3.3.4 項で説明した磁場誘起 S-I 転移の例では，温度と磁場の関数としての面

抵抗 $R(T, B)$ はスケーリング理論の式 (3.27) で表すことができた．この式によると，臨界磁場 $B_c$ においては $R(T, B)$ は温度に依存しない臨界抵抗値 $R_c$ をとるため，等温下で測定した面抵抗の磁場依存性曲線は 1 点で交わる．図 5.5(a) は前節と同じ ZrNCl 電気 2 重層 FET 界面を試料として測定された，複数の温度 $(T = 2 \sim 20 \text{ K})$ における面抵抗の磁場依存性を示す．異なる温度に対応する曲線は明らかに 1 点で交わらず，この条件を満たしていない [73]．すなわち，データは単一のスケーリング関数によって表すことはできない．しかし，測定温度範囲を複数の領域に区切って，それぞれの領域においてスケーリング解析を実行することで臨界指数の積 $\nu z$ を決定することは可能である．

図 5.5(b) はこのようにして求めた $\nu z$ をその領域に対応する磁場の関数として表示したものである [73]．$\nu z$ は $B \to B_c^*$ で発散する振る舞いを示し，$\nu z \propto (B_c^* - B)^{-0.6}$ の関係式を満たす．通常の 2 次相転移においては臨界指数の値は一定であり，その観点からすると上述した臨界指数の発散は異常である．2 次元超伝導体におけるこの異常は GaN(0001) 表面上に成長したガリウム (Ga) 原子層の系で最初に指摘され，量子相転移におけるグリフィス特異性 (Griffiths Singularity) を表すものと解釈された [79]．$B \lesssim B_c^*$ での状態は量子グリフィス相と呼ばれる．グリフィス特異性は，相転移の臨界領域で系の時間ゆらぎが異常に遅くなることで動的臨界指数 $z$ が発散する現象であり，ランダムな相互作用をもつスピンモデルなどで観測される．これは，秩序変数が発達した領域が局所的に形成され，空間的に不均一な状態が発生することに起因する．図 5.5(c) はこの系における量子グリフィス相の概念図であり，通常の金属相が支配的な中に有限の大きさの異常金属相が点在している．異常金属相では前節で説明したように，ボルテックスが量子ゆらぎによって運動していると考えられる（図 5.5(d)）．

この実験結果を含めた ZrNCl 電気 2 重層 FET 界面の温度–磁場に関する相図として，図 5.5(e) が得られた．量子グリフィス相は異常金属相の高磁場側に存在し，平均場的な臨界磁場 $B_{c2}^{\mathrm{MF}}$ によって 2 つの相は分けられる．量子グリフィス相のさらに高磁場側は弱く局在した通常の金属相が存在する．すなわちこの系では，フィッシャーの理論で提案されたクーパー対の位相の量子ゆらぎによる絶縁相は存在しないと考えられる．

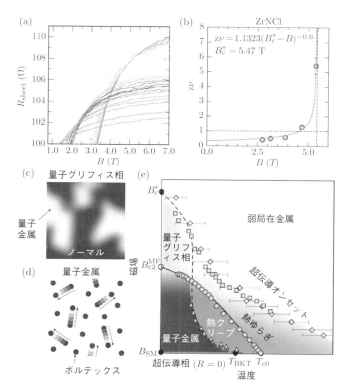

図 5.5　(a) 等温下 ($T = 2 \sim 20$ K) における ZrNCl 電気 2 重層 FET 界面の面抵抗の磁場依存性.　(b) スケーリング解析によって求めた臨界指数の積 $z\nu$ の磁場依存性.　(c) 量子グリフィス相の模式図.　(d) 量子金属相の模式図.　(d) ZrNCl 電気 2 重層 FET 界面の温度–磁場に関する相図.　文献 [73] より転載.　Creative Commons Attributions 4.0 International Licence.

## 5.2.3　量子ボルテックス液体

　異常金属相においては量子的なゆらぎをもつボルテックスが重要な役割を果たす.　このようなボルテックスは例えば STM などの手法で直接的に観測することはできず,　一般には系にバイアス電流を流してボルテックスが移動することで発生する電気抵抗によって検出される.　しかし,　電気抵抗は電子の輸送現象によっても発生するため,　原理的にこの 2 つの起源を区別することは難しい.　また,　異常金属相の本質の解明のためには,　電気抵抗以外の物理量からも情報を得ることが望ましい.　以下では,　ボルテックスの運動とそれに付随するエン

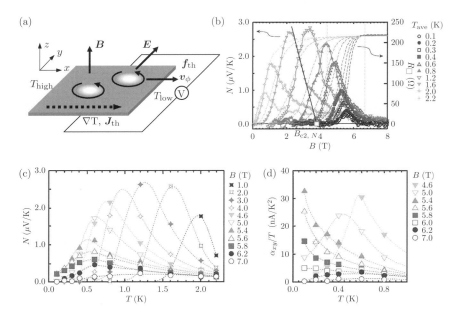

図　**5.6**　(a) ボルテックスフローによるネルンスト効果の測定を示す模式図. (b) $Mo_xGe_{1-x}$ 超伝導薄膜を用いて測定したネルンスト信号 $N$ および面抵抗値 $R$ の磁場依存性. (c) ネルンスト信号 $N$ を温度 $T$ の関数として表示したグラフ. (d) $\alpha_{xy}/T$ ($\alpha_{xy}$: 非対角ペルチエ係数)を温度 $T$ の関数として表示したグラフ. (b)-(d): 文献 [80] の図版をもとに改変. 家永・大熊の好意による.

トロピーを，磁場下における熱電効果であるネルンスト効果により検出した最近の研究を紹介する [80].

　図 5.6(a) に測定原理を示す. 試料の面直方向に磁場 $\boldsymbol{B}$ が印加されており，試料両端が異なる温度 $T_{high}, T_{low}$ に保持されていて，温度勾配 $\nabla T$ が存在する状況を考える. ボルテックスは中心の超伝導が抑制された領域に余分のエントロピー $s_\phi$ をもっているため，エントロピー力 $\boldsymbol{f}_{th} = -s_\phi \nabla T$ を低温側に向けて受ける. この力によってボルテックスが移動することによりエントロピーが運ばれ，熱流 $J_{th}$ が発生する. ボルテックスの運動に関する粘性係数を $\eta$ とすると，定常状態におけるボルテックスの速度は $\boldsymbol{v}_\phi = \boldsymbol{f}_{th}/\eta$ となる. このとき, 2.3.6 項で見たようにボルテックスフローに直交する方向に電場

$$E = B \times v_\phi = \frac{s_\phi \nabla T \times B}{\eta} \tag{5.4}$$

が発生し,ネルンスト効果として観測される.ネルンスト信号は $N \equiv E_y/\nabla_x T$ として定義され,式 (5.4) からボルテックスフローによる寄与として

$$N = \frac{s_\phi \rho_F}{\Phi_0} \tag{5.5}$$

が得られる [4].ここで,$\Phi_0 = h/2e$ は量子磁束,$\rho_F = B\Phi_0/\eta$ はボルテックスフローによる面抵抗である.また,この効果による非対角ペルチェ係数 $\alpha_{xy}$ は次の式で与えられる.

$$\alpha_{xy} = \frac{N}{\rho_F} = \frac{s_\phi}{\Phi_0} \tag{5.6}$$

式 (5.5), (5.6) からわかるように,ボルテックスの運動とエントロピーはネルンスト信号 $N$ と非対角ペルチエ係数 $\alpha_{xy}$ に反映されるため,これらの物理量を測定することによって異常金属相におけるボルテックスの情報を得ることができる.

実験は従来から 2 次元超伝導の研究によく採用されてきた $Mo_x Ge_{1-x}$ アモルファス薄膜 (膜厚 12 nm) を試料として行われた.磁場下における面抵抗値 $R$ は,$B < 4$ T の低磁場領域では,温度の降下とともに指数関数的に減少してゼロに達する.すなわち $T \to 0$ で真の超伝導状態が実現する.しかし,$4.5$ T $< B < 6.7$ T では $R$ の降下は低温で指数関数的な振る舞いから外れ,$T \to 0$ で有限の値に飽和する.この領域は異常金属相に相当する.$B > 6.7$ T では面抵抗 $R$ は温度の降下とともに増加し ($dR/dT < 0$),系は絶縁体相に転移する.ここで観測された振る舞いはアモルファス 2 次元超伝導体でよく観察されるもので,5.2.1 項での $ZrNCl$ 電気 2 重層界面での実験結果との違いは結晶性の違いに帰することができる.

図 5.6(b) に,この試料で観測されたネルンスト信号 $N$ と面抵抗値 $R$ を磁場の関数として示す.磁場の印加によって超伝導が抑制される($R$ が急激に上昇する)領域において,大きなネルンスト信号が観測されている.この磁場領域で

---

[4] 一般に電子由来のネルンスト信号は無視できるほど小さく,平均場的な転移温度 $T_c$ 以下では超伝導の振幅ゆらぎによる寄与もなくなる.以下ではボルテックスフローによるネルンスト効果への寄与のみを扱う.

はボルテックスのピン止めポテンシャル障壁が低下しており，ピン止めサイトから解放されたボルテックスの運動が，ネルンスト信号に反映されている．興味深いことに，ネルンスト信号は最低温度の $T = 0.1\,\mathrm{K}$ でも，$4.8\,\mathrm{T} < B < 6.0\,\mathrm{T}$ の範囲で明らかに観測されている．最低温度域で有限の大きさのネルンスト信号が残ることは，図 5.6(c) の温度依存性のグラフからも確認できる．この領域では熱的に励起されたボルテックスは存在せず，ボルテックスの運動は量子的なゆらぎによってしか許されない．すなわち実験結果は，ボルテックスが量子的な液体状態（量子ボルテックス液体）にあることを意味している．この状態は異常金属相の範囲内 ($4.5\,\mathrm{T} < B < 6.7\,\mathrm{T}$) に存在することから，量子ボルテックス液体が異常金属相の起源であるということができる．

式 (5.6) からわかるように，ボルテックスに付随するエントロピー $s_\phi$ は非対角ペルチェ係数 $\alpha_{xy}$ に直接に反映される．図 5.6(d) は $\alpha_{xy}/T$ を温度 $T$ の関数としてプロットしたものであり，異常金属相の磁場範囲では $\alpha_{xy}/T\ (= s_\phi/\Phi_0 T)$ は $T \to 0$ で発散することがわかる．これは，エントロピーが $s_\phi \propto T$ よりもゆっくりと減衰することを意味しており，一般の量子相転移の臨界点近傍で観測される異常に類似している．このことから，異常金属相が量子臨界点に対応することが示唆される．ただし，従来の S-I 転移の理論では超伝導相から絶縁相への量子臨界点は 1 点でしか存在しないのに対して，異常金属相は有限の磁場の範囲で観測されている．そのため，異常金属相は S-I 転移の量子臨界点が拡大した状態として解釈された．異常金属相についてはさまざまな理論モデルが提唱されており，今後の実験の発展とあわせてその本質の解明が期待される．

## 5.3　空間反転対称性の破れとスピン軌道相互作用

### 5.3.1　表面界面・原子層における空間反転対称性の破れ

超伝導転移を起こす物質は一般にキャリア密度が高く，電場に対する遮蔽長がフェルミ波長程度と短いので，バルク結晶では表面界面からの電場の影響は無視できる．しかし原子スケールの厚さしかない 2 次元結晶では，系の電子状態は表面界面の影響を強く受けるようになる．例えば，半導体清浄表面上に成

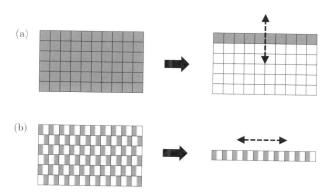

図 **5.7** ラシュバ型 (a) およびゼーマン型 (b) のスピン分裂をもたらす空間反転対称性
の破れを示す模式図．(a) では表面界面での面直方向の電場が，(b) では原子層
内部での面内方向の電場がスピン分裂を引き起こす．両矢印は対称性の破れの
方向を示す．

長した 2 次元結晶を考えると，その最表面では電子の波動関数が真空側にしみ
出すために電気 2 重層が形成され，反対側の界面では基板原子との強い共有結
合が形成される．これらは 2 次元結晶に対して面直方向に強い電場を発生させ
るため，系のハミルトニアンの空間反転対称性が破れる（図 5.7(a)）．

　一方，ファンデルワールス力により結合した層状物質から機械的剥離によっ
て原子層を取り出した場合には，一般に面直方向の対称性の破れはない．しか
し，母結晶を構成する原子層が例えば三角格子の結晶構造をもつ場合は，面内
方向に空間反転対称性が破れているため，この方向に非対称な電場が存在する．
$MoS_2$ や $NbSe_2$ などの遷移金属ダイカルコゲナイドから取り出した原子層は，
まさにこの例に相当する．ただし，もとのバルク結晶中では 1 層ごとに三角格
子の向きが反転しているため，結晶全体を考えると空間反転対称性は保たれて
いる．すなわち，原子層 1 層を取り出すことで，この系のハミルトニアンの面
内方向の空間反転対称性が破れる（図 5.7(b)）．

　これらの空間反転対称性が破れた系で強いスピン軌道相互作用が存在すると，
エネルギーバンド構造にスピン分裂が生じて波数空間内においてスピン偏極が
生じる．以下で示すように，面直方向の空間反転対称性の破れからはラシュバ
(Rashba) 型スピン軌道相互作用が，面内方向の空間反転対称性の破れからは

ゼーマン (Zeeman) 型スピン軌道相互作用が導かれる．フェルミ面でのバンド
のエネルギー分裂幅が超伝導エネルギーギャップよりも十分に大きい場合，超
伝導の微視的状態や巨視的な物性にさまざまな影響を与えることが理論的に予
言されている [5]．本節ではそのなかでも，超伝導の常磁性対破壊効果の抑制に
よって発現する巨大臨界磁場について説明する．

### 5.3.2　ラシュバ型スピン軌道相互作用

　固体結晶中の電子状態は系の対称性に支配される．結晶運動量 [6] $k$，スピ
ン $\alpha (= \uparrow, \downarrow)$ で指定される 1 電子状態のエネルギーを $E(k, \alpha)$ とすると，系が
空間反転対称性をもつ場合 $E(-k, \alpha) = E(k, \alpha)$，時間反転対称性をもつ場合
$E(-k, -\alpha) = E(k, \alpha)$ の関係が成り立つ．よって系がこの 2 つの対称性を同時
に満たすとき，$E(k, -\alpha) = E(k, \alpha)$ が成り立ち，すべての 1 電子状態はスピン
縮退している．一般に空間反転対称性をもたない場合は，スピン軌道相互作用
のために $E(k, -\alpha) \neq E(k, \alpha)$ となる．しかし，関係式 $-q + G = q$ を満たす特
別な運動量 $q$（$G$：逆格子ベクトル）に対しては，

$$E(q, -\alpha) = E(-q, \alpha) = E(-q + G, \alpha) = E(q, \alpha) \tag{5.7}$$

が成り立つので，スピン縮退している．このような運動量 $q$ を，時間反転不変
運動量 (time reversal invariant momentum, TRIM) と呼ぶ．TRIM 点の近傍で
は，運動量 $k$ が $q$ から離れるにつれてスピン縮退は解けるため，一般にエネル
ギーバンドは TRIM 点で交差するような形状をもつ．

　ここで具体的に正方格子または三角格子をもつ 2 次元結晶を考えると，2 次元
ブリルアンゾーンはそれぞれ図 5.8(a), (b) で表される．正方格子では $\bar{\Gamma}, \bar{X}, \bar{M}$
点，三角格子では $\bar{\Gamma}, \bar{M}$ 点が TRIM 点に相当する．表面界面のように 2 次元系
に面直方向に電場が存在するとき，空間反転対称性の破れによるスピン分裂は
TRIM 点の近傍では以下のハミルトニアンで表すことができる．

---

[5]　バルク結晶自体が空間反転対称性を破っている場合でも，同様の効果が現れる．重い
　　電子系化合物などのバルク結晶を用いたこれまでの研究に関しては，文献 [81] に詳し
　　い．表面原子層結晶におけるこれらの効果については，文献 [82] を参考のこと．
[6]　以下では単に運動量と呼ぶ．また運動量 $p$ と波数 $k$ の間には $p = \hbar k$ の関係があるた
　　め，特にこの 2 つを区別しないで呼ぶことにする．

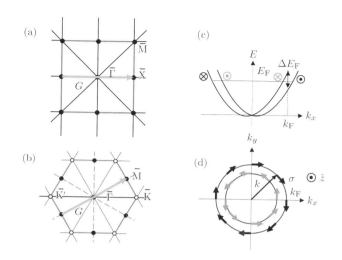

**図 5.8** (a), (b) 正方格子 (a) および三角格子正方格子および (b) 三角格子の 2 次元ブリルアンゾーン. 矢印は逆格子ベクトル $\boldsymbol{G}$ の例を表す. (c), (d) ラシュバ型スピン軌道相互作用によりスピン分裂したバンド (c) とフェルミ面 (d) の模式図. 矢印はスピン偏極の向きを表す.

$$H = \frac{\hbar^2 k^2}{2m^*} + H_R(\boldsymbol{k}) \tag{5.8}$$

$$H_R(\boldsymbol{k}) = \alpha_{\mathrm{R}} (\hat{\boldsymbol{z}} \times \boldsymbol{k}) \cdot \boldsymbol{\sigma} \tag{5.9}$$

ここで $\boldsymbol{k}$ は TRIM 点より測った運動量, $k = |\boldsymbol{k}|$, $\alpha_{\mathrm{R}}$ はラシュバパラメータ, $\hat{\boldsymbol{z}}$ は面直方向の単位ベクトル, $\boldsymbol{\sigma}$ はスピンに対するパウリ演算子である [7]. 式 (5.9) で表される相互作用をラシュバ型スピン軌道相互作用 (SOC) と呼ぶ. このハミルトニアンの固有エネルギーは $k$ の関数として次の形をもつ.

$$E^{\pm}(k) = \frac{\hbar^2 k^2}{2m^*} \pm \alpha_{\mathrm{R}} k \tag{5.10}$$

このエネルギー分散と $E = E_{\mathrm{F}}$ におけるフェルミ面を, 図 5.8(c), (d) に示した. フェルミ波数 (運動量) を $k_{\mathrm{F}}$ とすると, フェルミ面におけるエネルギー分裂幅 $\Delta E_{\mathrm{F}}$ は $2\alpha_{\mathrm{R}} k_{\mathrm{F}}$ に等しい. 図 5.8(c), (d) には運動量 $\boldsymbol{k}$ の状態におけるス

---

[7] スピン演算子を $\boldsymbol{s}$ とすると, $\boldsymbol{s} = (\hbar/2)\boldsymbol{\sigma}$ である. 以下では簡単のため $\boldsymbol{\sigma}$ に対応する量もスピンと呼ぶ.

ピン $\boldsymbol{\sigma}$ の偏極方向も示している．スピン $\boldsymbol{\sigma}$ の向きは運動量 $\boldsymbol{k}$ と 2 次元面に対する面直方向の両者に直交しており，$\boldsymbol{k}$ が与えられれば $\boldsymbol{\sigma}$ は一意的に決まる．このような関係をスピン運動量ロッキングと呼ぶ．また，スピンの向きはフェルミ面の方向に沿って一周しており，さらに内側のフェルミ面と外側のフェルミ面では，スピンの回転方向が逆になっている．このような状態は，カイラルなスピン偏極状態と呼ばれる．

　式 (5.9) の形のスピン軌道相互作用は，自由電子が面直方向の電場の中を走ることで相対論的な効果により有効な磁場を感じるという簡単な考え方で導くことができるが，このモデルからはラシュバパラメータとして $\alpha_{\mathrm{R}} = 1 \times 10^{-6} \sim 1 \times 10^{-5}$ eVÅ 程度の非常に小さな値しか得られない．現実の物質でのラシュバ型 SOC の発現には各原子サイトにおける電子の軌道角運動量の存在が重要な役割を担っており，$\alpha_{\mathrm{R}}$ の大きさは物質に強く依存する．系がスピン軌道相互作用の大きな重い元素から構成される場合は $\alpha_{\mathrm{R}} = 0.1 \sim 1$ eVÅ にも達する．これに対するフェルミ面でのエネルギー分裂 $\Delta E_{\mathrm{F}} = 2\alpha_{\mathrm{R}} k_{\mathrm{F}}$ の値は 100 meV $\sim$ 1 eV となるので，超伝導ギャップの大きさよりもはるかに大きくなる．

### 5.3.3　ゼーマン型スピン軌道相互作用

　図 5.8(b) に示した三角格子のブリルアンゾーンでの $\bar{K}, \bar{K}'$ 点は，$-\boldsymbol{q} + \boldsymbol{G} = \boldsymbol{q}$ を満たす逆格子ベクトル $\boldsymbol{G}$ が存在しないので TRIM 点ではない．このために $\bar{K}, \bar{K}'$ 点では一般にスピン縮退が要請されず，三角格子がもつ面内方向の空間反転対称性の破れによってスピン分裂が起こる [8]．

　わかりやすい例として，ここでは三角格子が平面群 p3m1 の対称性をもつ 2 次元結晶を考える．図 5.9(a) に示すように 平面群 p3m1 に属する三角格子は，単位胞の一辺に直交する方向に鏡映面が存在する特徴をもつ．この対称性をもつ物質としては，$MoS_2$ や $NbSe_2$ などの遷移金属カルコゲナイドの単原子層や，Si(111) 表面に $1 \times 1$ の周期性をとって成長した金属原子層の超構造などがあげられる [84]．この場合，電子バンドは $\bar{K}, \bar{K}'$ 点近傍ではエネルギー方向に一様

---

[8] 平面群 p31m に属する三角格子に対しては $\bar{K}, \bar{K}'$ 点は非 TRIM 点であるにもかかわらずスピン縮退して，その近傍でラシュバ型のスピン分裂をもつ [83]．平面群 p31m の三角格子は，単位胞の一辺に平行な方向に鏡映面が存在する特徴をもつ（平面群 p3m1 とは異なることに注意）．

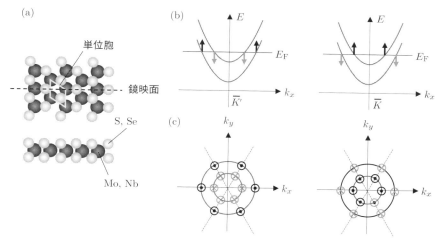

図 **5.9** (a) 三角格子が平面群 p3m1 の対称性をもつ 2 次元結晶 (MoS$_2$, NbSe$_2$) の例．鏡映面は単位胞の一辺に直交する方向に存在する．(b), (c) ゼーマン型スピン軌道相互作用により分裂した $\bar{K}$, $\bar{K}'$ 点近傍のエネルギーバンド (b) とフェルミ面 (c)．矢印はスピン偏極の向き，点線はブリルアンゾーンを示す．

にスピン分裂を起こす．スピンは面直方向に偏極し，$\bar{K}$ 点と $\bar{K}'$ 点を比べると時間反転対称性の関係によりスピン偏極が反転する（図 5.9(b), (c)）．このような分裂をゼーマン型のスピン分裂と呼び，以下のゼーマン型 SOC と呼ばれる相互作用によって記述できる [9]．

$$H_Z(\boldsymbol{k} + \epsilon \boldsymbol{K}) = \epsilon \beta \hat{\boldsymbol{z}} \cdot \boldsymbol{\sigma} \tag{5.11}$$

ここで $\epsilon\,(=\pm 1)$ は $\bar{K}$, $\bar{K}'$ 点に対するバレー指数，$\boldsymbol{K}$ は $\bar{K}$ 点における運動量，$\beta$ はゼーマン型 SOC の強度を表すパラメータである．スピン $\boldsymbol{\sigma}$ の向きはバレー指数 $\epsilon$ によって一意的に決まっており，この関係をスピンバレーロッキングと呼ぶ．

ラシュバ型およびゼーマン型のスピン分裂は対照的な特徴をもっている．前者は面直方向の空間反転対称性の破れによって引き起こされ，スピン偏極方向は面内である．一方，後者は面内方向の空間反転対称性の破れによって引き起

---

[9] ゼーマン型 SOC のもとではスピン自由度が面直方向に制限されるため，イジング (Ising) モデルにちなんでイジング型 SOC とも呼ばれる．

こされ，スピン偏極方向は面直である．以下で見るように，この違いは 2 次元
超伝導体の臨界磁場に大きな影響を与える．

### 5.3.4　スピン運動量ロッキングによる臨界磁場の増大 I

ラシュバ型 SOC またはゼーマン型 SOC により生じるスピン運動量ロッキン
グ（以下ではスピンバレーロッキングを含むものとする）はスピン帯磁率に大き
な影響を与え，2.4.2 項で説明した常磁性対破壊効果による臨界磁場 $B_{c2}$ を増大
させる．ただし，面直方向に磁場を印加すると軌道対破壊効果が支配的になる
ので，この効果による臨界磁場の増大は通常観測されない．常磁性対破壊効果
が支配的になる面内方向の磁場に対しては，以下のような結果が得られる [85].

● ゼーマン型 SOC

　ゼーマン型 SOC によってスピンはすべて面直方向にロックされるため
（図 5.9(b), (c)），面内磁場を印加してもゼーマン項 $\mu_B \boldsymbol{\sigma} \cdot \boldsymbol{B}$ の 1 次摂動によ
るエネルギーは発生しない．よってパウリ常磁性は存在しない．その代わり，
ゼーマン項の 2 次摂動によってスピンは磁場方向にわずかに傾き，磁化を発
生する．この効果による磁性は，磁気モーメントをもたない原子やイオンの
磁性にちなんで，バン・ブレック (Van Vleck) 常磁性と呼ばれる．自由電子的
なモデルを用いて，この効果による帯磁率を全占有状態に関して和をとると，
パウリ帯磁率と同じ値 $\chi_P$ が得られる．スピン分裂の大きさが超伝導ギャッ
プよりも十分に大きければ，この大きさは常伝導状態と超伝導状態でほとん
ど変化しない（$\chi_n = \chi_P \approx \chi_s$）．よって，式 (2.70) から $B_{c2\parallel} \gg B_P$ という著
しい結果が得られる．

　より高次の効果を考えると，ゼーマン型 SOC の強度 $\beta$（=電子バンドの分裂
幅の半分）を用いて，臨界磁場は $B_{c2\parallel} \approx \sqrt{\beta B_P / \mu_B}$ で与えられる [86]．パウ
リ限界に対する $B_{c2\parallel}$ の増強因子を $c_{PVR} \equiv B_{c2\parallel} / B_P$ (PVR = Pauli violation
ratio) で定義すると

$$c_{PVR} \approx \sqrt{\frac{\beta}{\mu_B B_P}} \approx \sqrt{\frac{\beta}{\Delta(0)}} \tag{5.12}$$

である．例えば $\beta = 100$ meV, $\Delta(0) = 1$ meV とすると，$c_{PVR} \approx 10$ となる．

- ラシュバ型 SOC

ラシュバ型 SOC の場合はスピンは面内方向にロックされ，磁場とスピンの
なす角度は $0 - 2\pi$ の間で一様に分布するので（図 5.8(c), (d)），スピンの磁
場に対する平行成分と直交成分のそれぞれの寄与が等しくなる．スピンの平
行成分に関しては，スピン分裂した状態間でゼーマンエネルギーの増減を生
じるので，通常と同じパウリ常磁性の寄与をもつ．一方，スピンの垂直成分
に関しては，バン・ブレック常磁性の寄与をもつ．このため，ノーマル状態
および $T = 0$ での超伝導状態における帯磁率はそれぞれ $\chi_{\mathrm{n}} = \chi_{\mathrm{P}}, \chi_{\mathrm{s}} = \chi_{\mathrm{P}}/2$
となり，式 (2.70) より $B_{\mathrm{c2\parallel}} = \sqrt{2}B_{\mathrm{P}}$ となる．すなわち，パウリ限界 $B_{\mathrm{P}}$ に
対する面内臨界磁場の増強因子 $c_{\mathrm{PVR}}$ は

$$c_{\mathrm{PVR}} = \sqrt{2} \tag{5.13}$$

となる．

ゼーマン型 SOC をもつ超伝導体における巨大面内臨界磁場は，4.5.2 項で紹
介した $MoS_2$ の電気 2 重層 FET 界面を用いて観測された [57,87]．$MoS_2$ は平
面群 p3m1 の対称性をもつハニカム構造の原子層が面内反転しながら交互に積
層した結晶構造をとり，結晶全体では空間反転対称性を保つ．しかし，電気 2
重層 FET 界面でのキャリアの存在範囲は静電遮蔽により原子層レベルの厚さし
かないため，上述したような面内の空間反転対称性の破れが生じ，ゼーマン型の
スピン分裂が実現する．$B_{\mathrm{c2}}$ の $B_{\mathrm{P}}$ に対する増強因子は低温領域では $c_{\mathrm{PVR}} \approx 5$
に達することが観測された．

さらに，$TaS_2$, $NbSe_2$ の層状結晶から機械剥離によって作製した原子層試料
を用いることで，同様の現象が観測されている [86,88]．$TaS_2$ および $NbSe_2$ は
$MoS_2$ と同じ構造をもつ遷移金属カルコゲナイドの一種であるが，$MoS_2$ とは
違って非ドーピング状態で金属であり，低温で超伝導転移を起こす．単原子層
（$N = 1$，$N$：原子層数）の電子構造は，$TaS_2$, $NbSe_2$ ともに $\bar{K}, \bar{K}'$ 点および
$\bar{\Gamma}$ 点のまわりに大きなフェルミ面をもち，特に $\bar{K}, \bar{K}'$ 点付近のホールポケット
ではゼーマン型のスピン分裂をしている（図 5.10(a)）．$\bar{K}, \bar{K}'$ 点での電子状態
$\boldsymbol{k} \uparrow, -\boldsymbol{k} \downarrow$ は互いに時間反転の関係にあり，クーパー対を形成することができ

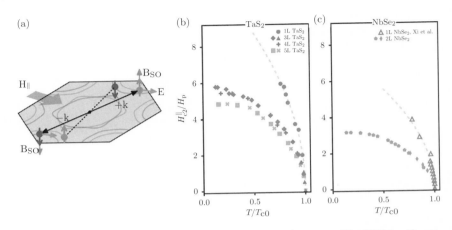

図 **5.10**　(a) TaS$_2$, NbSe$_2$ 単原子層のブリルアンゾーンとフェルミ面の概観図．ゼーマン型 SOC による実効磁場 $B_{so}$ とフェルミ面におけるスピン偏極を矢印で示す．(b), (c) 温度 $T$ の関数として表示した 1〜5 原子層厚さの (b) TaS$_2$ および (c) NbSe$_2$ の面内臨界磁場の温度依存性．縦軸には増強因子 $c_{PVR}$ ($\equiv B_{c2\parallel}/B_P$) を示す．文献 [88] より転載．Creative Commons Attributions 4.0 International Licence.

る．図 5.10(b), (c) に示すように，$N = 1 \sim 5$ の TaS$_2$,MoS$_2$ では，面内臨界磁場の増強因子 $c_{PVR}$ は低温で 3〜6 程度に達することが観測された [88]．特に $N = 1$ では大きく，面内の空間反転対称性の破れの影響が明確に現れている．層間の結合が弱いために各原子層は実質的に独立した 2 次元系とみなすことができ，複数の原子層からなる試料 ($N = 2 \sim 5$) でも $B_{c2}$ は増強される．ただし，隣接する原子層からの影響を受けて $c_{PVR}$ の値は抑制される．

　図 5.10(b), (c) で TaS$_2$ と NbSe$_2$ を比較すると同じ $T/T_{c0}$ ($T_{c0}$：ゼロ磁場での超伝導転移温度）において $c_{PVR}$ の値は前者の方が 1.5 倍程度大きい．フェルミ面におけるスピン分裂幅の平均値は TaS$_2$, NbSe$_2$ に対して 122 meV, 49.8 meV であり，これを $2\beta$ とみなすと，式 (5.12) から $c_{PVR}$ の比として 1.57 が得られる．この値は上の実験値に良く一致する．

### 5.3.5　スピン運動量ロッキングによる臨界磁場の増大 II

　2.4.1 項で，軌道対破壊効果によって決まる臨界磁場は，不純物による電子の

弾性散乱があると増大することを述べた．スピン散乱が存在する場合，これと同様の効果が常磁性対破壊効果に対しても起こる．磁場 $\boldsymbol{B}$ によるゼーマンエネルギーは $\mu_{\mathrm{B}}\boldsymbol{\sigma}\cdot\boldsymbol{B}$ であるから，クーパー対を形成している2つの電子（スピン $\boldsymbol{\sigma},-\boldsymbol{\sigma}$）に対して，エネルギー差 $\Delta E=-2\mu_{\mathrm{B}}\boldsymbol{\sigma}\cdot\boldsymbol{B}$ が生じる．軌道対破壊効果での議論と同じように半古典的に系を扱うと，このエネルギー差によって生じる2電子間の位相差 $\Delta\phi$ の時間変化は次の式で表すことができる．

$$\frac{d\Delta\phi}{dt}=-\frac{1}{\hbar}\Delta E=\frac{2\mu_{\mathrm{B}}\boldsymbol{B}}{\hbar}\cdot\boldsymbol{\sigma} \tag{5.14}$$

一般に原子サイトでのスピン軌道相互作用が存在するとき，不純物による電子の弾性散乱に伴って，ある確率でスピンも散乱する．ただしクーパー対として見ると，時間反転対称性を守るためにスピンは $\boldsymbol{\sigma},-\boldsymbol{\sigma}\to\boldsymbol{\sigma}',-\boldsymbol{\sigma}'$ のように散乱するため，式 (5.14) は常に正しい．ある時間 $\tau_{\mathrm{K}}$ を経過して位相変化の累積が $\Delta\phi\sim1$ となると，クーパー対は破壊される．このとき，超伝導を抑制する強さを表す対破壊パラメータ $\alpha\equiv\hbar/2\tau_{\mathrm{K}}$ は次の式で表される．

$$\alpha=\frac{3\tau_{\mathrm{so}}\mu_{\mathrm{B}}^2}{2\hbar}B^2 \tag{5.15}$$

$\tau_{\mathrm{so}}$ はスピン軌道散乱時間と呼ばれ，スピン散乱に要する平均時間を表す．この機構による臨界磁場 $B_{\mathrm{c}2}$ は $2\alpha=\Delta(0)$ を満たす $B$ で与えられるため，式 (5.15) より $\tau_{\mathrm{so}}$ が小さいと $B_{\mathrm{c}2}$ は増大する．しかし，一般に弾性散乱時間を $\tau_{\mathrm{el}}$ として $\tau_{\mathrm{so}}\gg\tau_{\mathrm{el}}$ であり，結晶性試料では $\tau_{\mathrm{el}}$ が長いために $\tau_{\mathrm{so}}$ も長く，この効果は小さい．

　ここでラシュバ型 SOC によってスピン運動量ロッキングが生じている系を考えよう．この場合は図 5.11(a) に示したように，不純物による弾性散乱で電子の運動方向（運動量方向）が変化する度に，スピンの向きも強制的に変化させられるので，$\tau_{\mathrm{so}}\approx\tau_{\mathrm{el}}$ となることが予想される．よって $\tau_{\mathrm{so}}$ は短くなり，臨界磁場は増大する．これは，ラシュバ型 SOC のスピン運動量ロッキングのもつ動的な効果であり，5.3.4 項で述べた静的な効果とは異なる機構による．ゼーマン型 SOC でも同じことは起こりうるが，スピンの向きが変化するには運動量空間内で離れた $K,K'$ の間を遷移しなければならないため，その効果は小さ

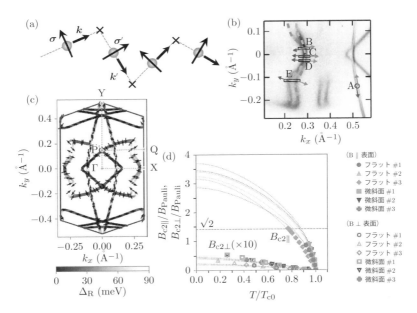

図 **5.11**　(a) スピン運動量ロッキングがもたらすスピン散乱の概念図.　(b), (c) 角度
分解光電子分光測定 (b) および第一原理計算 (c) によって得られた Si(111)-
$(\sqrt{7} \times \sqrt{3})$-In 表面構造のフェルミ面.　矢印はスピンの偏極方向を示す.　(d)
Si(111)-$(\sqrt{7} \times \sqrt{3})$-In 表面構造の面内臨界磁場 $(B_{c2\parallel})$ および面直臨界磁場
$(B_{c2\perp})$.　$B_{c2\perp}$ は 10 倍に拡大して表示してある.　縦軸には増強因子 $c_{\mathrm{PVR}}$
$(\equiv B_{c2\parallel}/B_{\mathrm{P}}, B_{c2\perp}/B_{\mathrm{P}})$ を示す.　(b) 文献 [89] より転載. Copyright 2020
by the American Physical Society.　(c), (d) 文献 [90] より転載. Creative
Commons Attributions 4.0 International Licence.

いと考えられる.

　上述した現象は, シリコン表面超構造の Si(111)-$(\sqrt{7} \times \sqrt{3})$-In を試料として
用いることで観測された.　図 5.11(b)(c) は ARPES 測定と第一原理計算によっ
て得られた Si(111)-$(\sqrt{7} \times \sqrt{3})$-In のフェルミ面とスピン偏極方向を表した図で
ある.　スピン分裂は $10 \sim 90$ meV 程度で, 超伝導エネルギーギャップ $\Delta = 0.57$
meV と比較して十分に大きい.　運動量空間内でのスピン偏極は自由電子系での
スピン偏極 (図 5.8(d)) と異なり複雑な分布をしているが, そのほとんどが試
料面内方向を向いており, その意味においてラシュバ型スピン分裂の一種とみ
なすことができる.　図 5.11(d) に示すように, 面内臨界磁場 $B_\parallel$ のパウリ限界

$B_P$ に対する増強因子 $c_{PVR}$ は $\sqrt{2}$ を超えて $T = 0$ では 3 程度に達する．この結果は，静的なスピン運動量ロッキング効果では説明できない．式 (5.15) から見積もったスピン散乱時間 $\tau_{so} = 33, 52, 86$ fs は，試料の面抵抗値から求めた弾性散乱時間 $\tau_{el} = 45, 53, 72$ fs と実験誤差範囲内で一致することから，ここで説明した動的なスピン運動量ロッキング効果によるものと結論された．

### 5.3.6 その他の現象

ラシュバ型 SOC やゼーマン型 SOC のような空間反転対称性の破れに起因するスピン軌道相互作用は，上述した以外にも超伝導に対してさまざまな影響を及ぼすことが理論的に予言されている [91,92]．

● スピン 1 重項・3 重項状態の混成 [93,94]

2.2.1 項で述べたように，クーパー対の波動関数は軌道部分とスピン部分から構成されており，空間反転対称性のある系では軌道部分は 2 電子の入れ替えに対して対称的かまたは反対称的（パリティが偶または奇）である．電子のフェルミオンとしての性質を満たすためには，スピン部分はこれに応じて反対称的か対称的となることが要請される．すなわち，クーパー対のスピン波動関数は，1 重項または 3 重項のどちらかの状態である．現在知られている超伝導体のほとんどはスピン 1 重項状態をもつ．しかし，2 次元超伝導体のように空間反転対称性が破れた系では，空間部分の波動関数のパリティが良い量子数にならないため，スピン部分は 1 重項と 3 重項が混成した状態が許される．このような超伝導状態は，エネルギーギャップの波数空間内での構造を調べることで検証が可能である．

● 常磁性超伝導電流 [85,95]

ラシュバ型 SOC によりスピン分裂した系に面内方向に磁場を印加すると，パウリ常磁性とバン・ブレック常磁性に対応した電流が磁場に対して直交する方向に発生する．ノーマル状態ではこの 2 つの寄与はキャンセルされるが，超伝導状態ではバン・ブレック常磁性に起因する寄与のみが残り，有限の「常磁性」超伝導電流が流れる．この効果を直接に観測することは難しいが，試料形状を工夫してアハラノフ・ボーム (Aharonov-Bohm, AB) 効果を利用す

ることで検出することが提案されている.

● 超伝導秩序変数の空間変調 [96, 97]

ラシュバ型 SOC によりスピン分裂した系に面内方向に磁場を印加すると,スピン運動量ロッキングの効果により磁場と直交する方向にフェルミ面が平行移動する.このために,有限の運動量をもったクーパー対が形成され,超伝導秩序変数の振幅または位相が周期的に空間変調する.この状態は,強磁場下で実現されると予想される,いわゆるフルデ・フェレル・ラーキン・オブチニコフ (Fulde-Ferrell-Larkin-Ovchinnikov, FFLO) 状態に類似している.ジョセフソン接合を利用した干渉効果や STM 測定などによる直接的な検証が提案されている.

これらの特異な現象の実験的観測は,2 次元超伝導研究における今後の重要な課題となるだろう.

　本書では，2 次元超伝導についてその基礎となる理論的背景と最近の実験の進展を中心に紹介した．2 次元系では対称性の破れを伴うような相転移は起こらないものの，KT 転移により準長距離的な秩序が確立して系は実質的な超伝導状態になることができる．しかし，2 次元系では超伝導は本質的に乱れに弱く，一般に面抵抗が量子化抵抗値 $R_Q$ の程度になると超伝導性を失ってしまう．この現象は現代物理学の重要なテーマである量子相転移を研究するための格好の舞台を提供してきたが，一方で 2 次元物質の超伝導状態そのものに関する研究を著しく遅らせた．

　この状況は今世紀に入ってからのナノテクノロジーやグラフェンに端を発する原子層物質研究，超高真空・極低温計測技術の融合などによって一変し，従来の枠組みを超えた 2 次元超伝導研究が確立した．現在，対象となる物質系は，考えられるほとんどの種類の物質に拡がりを見せている．それぞれに個性的な現象が発見され，超伝導研究のもつ物質科学としての側面を鮮やかに映し出している．また，最近の結晶性の良好な試料を用いた実験によって，以前から問題になっていた異常金属相の存在が明らかになり，その解明に再び注目が集まっている．この問題は量子相転移の研究を一層深化させ，数理科学的なモデルとしての超伝導の重要性を再認識させることになった．

　今後の 2 次元超伝導研究の発展は，新しい実験手法の開発や高度化によって牽引されていくと思われる．特に超高真空環境で作製され表面に露出した 2 次元超伝導体は，STM や ARPES などの表面敏感な計測手法との相性が良く，前章で述べたような特異な超伝導状態や相転移を微視的な電子状態の観点から研究できる可能性がある．例えば STM を使用することで，超伝導ギャップの空間変調構造や量子グリフィス相で発生していると考えられる不均一な超伝導領

域が直接的に検証できるかもしれない．表面における良好な結晶性をもつ試料を対象にして極低温環境で ARPES 測定ができれば，波数空間内における微細な超伝導ギャップ構造から，スピン 1 重項と 3 重項の混成を検証できるだろう．デバイス構造や界面における 2 次元超伝導の研究手段としてはこれまで電子輸送測定が主体であったが，前章で紹介したように熱電効果を利用することでエントロピー輸送の観点からボルテックスの運動を検出することも可能になってきている．この手法は今後さまざまな系に適応されていくに違いない．

　当然ながら，2 次元系でも従来の超伝導研究の王道である新物質創製の重要性は変わらない．特にファンデルワールスヘテロ構造の手法によって原子層物質を自在に組み合わせて，熱力学的に非平衡な多種多様な物質を実現できるようになったことは大きな進展である．$SrTiO_3$ 基板上の原子層 FeSe やモアレ 2 層グラフェンの研究により端的に示されたように，われわれの想像しえないところで新たな超伝導体が発見されるのを待ち構えているかもしれない．

　2 次元超伝導は，トポロジカル物質やスピントロニクスの研究とも親和性が高い．トポロジカル絶縁体では，バルクの電子状態の非自明なトポロジーによりスピン偏極したディラック電子状態が表面界面（すなわち 2 次元系）で現れる．この表面界面状態に超伝導近接効果によりクーパー対が侵入すると，トポロジカル超伝導状態が発現し，そのボルテックス中心ではいわゆるマヨラナ束縛状態（電子励起とホール励起の両方の性質を等しくもつゼロエネルギー励起状態）が現れると予言されている．この奇妙な量子状態を操作して位相情報を失うことのない量子計算を実現しようとする研究が，世界中で繰り広げられている．また，前章で示したように表面界面における空間反転対称性の破れは，超伝導体中にスピン偏極をもたらすことが可能であり，これを利用した超伝導スピントロニクスの研究の発展も期待される．今後は，2 次元物質を用いた超伝導研究がますます活発化するとともに，他の周辺分野を巻き込みながら発展していくに違いない．

## A.1　単位系の変換表

　本書では初学者および実験家の読者を想定して SI 単位系を採用したが，理論家の書いた教科書や論文では現在も cgs ガウス単位系を用いていることが多い．cgs ガウス単位系は初学者にはあまり馴染みがなく，理解の妨げになりかねないため，読者の便宜のために cgs ガウス単位系と SI 単位系の変換表を 表 A.1 に示した．この変換表は Tinkham の教科書 [2] から転載したものである（原典は J. D. Jackson, *Classical Electrodynamics*, Wiley, New York (1975) による）．

　cgs ガウス単位系で表された関係式を SI 単位系に変換するには次のようにする．式の両辺に現れる物理量に関して，電磁気学に特有の記号は表 A.1 に従って両辺を置き換え，その他の記号（質量，長さ，時間，力など）はそのままにしておく．例えば，量子磁束を表す式は cgs ガウス単位系では

$$\Phi_0 = \frac{hc}{2e} \tag{A.1}$$

である．表に従って左辺について $\Phi_0 \rightarrow (\sqrt{4\pi/\mu_0})\Phi_0$，右辺について $c \rightarrow 1/\sqrt{\mu_0\epsilon_0}$，$e \rightarrow (1/\sqrt{4\pi\epsilon_0})e$ と置き換えて整理すると，SI 単位系での関係式

$$\Phi_0 = \frac{h}{2e} \tag{A.2}$$

が得られる．SI 単位系から cgs ガウス単位系への変換も同じようにして行うことができる．

表 **A.1**　cgs ガウス単位系と SI 単位系の変換表

| 物理量 | cgs ガウス単位系 | SI 単位系 |
| --- | --- | --- |
| 光速度 | $c$ | $\dfrac{1}{\sqrt{\mu_0 \epsilon_0}}$ |
| 磁束密度 （磁束） | $\boldsymbol{B}$　$(\Phi)$ | $\sqrt{\dfrac{4\pi}{\mu_0}}\,\boldsymbol{B}$　$(\Phi)$ |
| 磁場 | $\boldsymbol{H}$ | $\sqrt{4\pi\mu_0}\,\boldsymbol{H}$ |
| 磁化 | $\boldsymbol{M}$ | $\sqrt{\dfrac{\mu_0}{4\pi}}\,\boldsymbol{M}$ |
| 電荷密度 （電荷，電流，電流密度，分極） | $\rho$　$(Q, I, \boldsymbol{J}, \boldsymbol{P})$ | $\dfrac{1}{\sqrt{4\pi\epsilon_0}}\,\rho$　$(Q, I, \boldsymbol{J}, \boldsymbol{P})$ |
| 電場（静電ポテンシャル，電圧） | $\boldsymbol{E}$　$(\phi, V)$ | $\sqrt{4\pi\epsilon_0}\,\boldsymbol{E}$　$(\phi, V)$ |
| 電束密度 | $\boldsymbol{D}$ | $\sqrt{\dfrac{4\pi}{\epsilon_0}}\,\boldsymbol{D}$ |
| 電気伝導度 | $\sigma$ | $\dfrac{\sigma}{4\pi\epsilon_0}$ |
| 電気抵抗 （インピーダンス） | $R$　$(Z)$ | $4\pi\epsilon_0 R$　$(Z)$ |
| インダクタンス | $L$ | $4\pi\epsilon_0 L$ |
| 静電容量 | $C$ | $\dfrac{C}{4\pi\epsilon_0}$ |
| 透磁率 | $\mu$ | $\dfrac{\mu}{\mu_0}$ |
| 誘電率 | $\epsilon$ | $\dfrac{\epsilon}{\epsilon_0}$ |

## A.2 2次元超伝導に関する実験手法

　バルク超伝導の研究では帯磁率や比熱などの熱力学的物理量を測定する実験が重要だが，2次元超伝導体は試料体積が微小であるため，これらの測定は難しい．その一方で，基板上に成長した結晶性の2次元超伝導体は表面敏感な測定手法と相性が良く，走査トンネル顕微鏡 (scanning tunneling microscope, STM) を利用して直接に超伝導ギャップの測定が可能である．また，角度分解光電子分光 (angle-resolved photoemission spectroscopy, ARPES) によりエネルギーバンドとフェルミ面を直接に決定することができる．本節では，STM と ARPES の動作原理を簡単に説明する．

### A.2.1 走査トンネル顕微鏡

　STM は，原子レベルで先鋭な金属探針を試料表面に接近させ，試料と探針の間のトンネル電流を検出しながら試料表面を走査することでその形状をイメージングする実験手法である（図 A.1(a)）．試料と探針の間にはバイアス電圧 $V$ を印加する．探針と試料表面の距離は一般に $0.5 \sim 1$ nm 程度でありポテンシャル障壁が存在するが，それぞれの電子の波動関数 $\Psi_\mu, \Psi_\nu$ が重なり合うために量子力学的なトンネル効果により電流が流れる．通常の STM の観測モードでは，トンネル電流が一定になるように探針高さ $z$ をフィードバック機構によって制御し，$z$ の値を $x, y$ の関数として表示することで表面形状を画像化する．トンネル電流は試料–探針間距離に非常に敏感であり，また探針最先端に位置する原子に集中するため，試料表面形状を原子スケールの空間分解能で測定することができる．

　エネルギーの基準を探針側にとると，バイアス電圧 $V$ に対して，試料と探針間のトンネル電流 $I$ は次の式で表される．

$$I = \frac{2\pi e}{\hbar} \sum_{\mu,\nu} [f(E_\mu)\{1 - f(E_\nu + eV)\} - f(E_\nu + eV)\{1 - f(E_\mu)\}] \tag{A.3}$$
$$\times |M_{\mu\nu}|^2 \delta(E_\mu - E_\nu)$$

ここで $f(E)$ はフェルミ分布関数，$E_\mu, E_\nu$ は波動関数 $\Psi_\mu, \Psi_\nu$ の固有エネルギー，

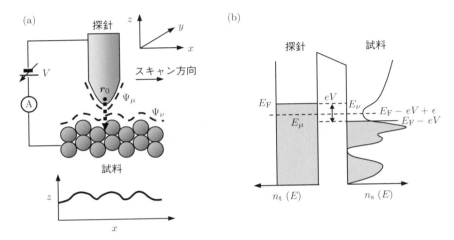

**図 A.1**　(a) 走査トンネル顕微鏡 (STM) の動作原理．(b) 試料–探針トンネル接合を表すエネルギーダイヤグラム．横軸は状態密度，縦軸は探針側を基準としたエネルギーを表す．

$$M_{\mu\nu} = -\frac{\hbar^2}{2m} \int_S dS \left( \Psi_\mu^* \nabla \Psi_\nu - \Psi_\nu \nabla \Psi_\mu^* \right) \tag{A.4}$$

は，試料と探針間の遷移行列要素である．ただし，積分面 $S$ は試料と探針の間のトンネル領域にとる．$V \to 0$，温度 $T \to 0$ の極限では式 (A.3) は

$$I = \frac{2\pi e}{h} V \sum_{\mu,\nu} |M_{\mu\nu}|^2 \delta(E_\mu - E_F) \delta(E_\nu - E_F) \tag{A.5}$$

となる．$E_F$ はフェルミエネルギーである．ここで，探針先端を中心位置 $r_0$ および半径 $R$ の一様な球で近似して，式 (A.4) の積分を実行すると，

$$I \propto V n_t(E_F) n_s(E_F, r_0) \tag{A.6}$$

を得る．

$$n_t(E_F) = \sum_\mu \delta(E_\mu - E_F) \tag{A.7}$$

$$n_s(E_F, r_0) = \sum_\nu |\Psi_\nu(r_0)|^2 \delta(E_\nu - E_F) \tag{A.8}$$

はそれぞれ，探針の状態密度と試料表面近傍の点 $\boldsymbol{r}_0$ における局所状態密度である．式 (A.6) から，トンネル電流 $I$ が一定になる条件で $xy$ 平面上で走査すると，探針先端は局所状態密度 $n_\mathrm{s}(E_\mathrm{F}, \boldsymbol{r}_0)$ が一定の等高線上を移動することがわかる．つまり，STM で観察しているものは試料表面の形状ではなく，フェルミ準位における局所状態密度の空間分布である．

有限バイアス電圧の条件下では，トンネル電流 $I$ は式 (A.6) の代わりに，以下の積分によって与えられる．

$$I \propto \int_0^{eV} n_\mathrm{t}(E_\mathrm{F} - eV + \epsilon) n_\mathrm{s}(E_\mathrm{F} + \epsilon, \boldsymbol{r}_0) T(\epsilon, eV) d\epsilon \qquad (A.9)$$

ここで $T(\epsilon, eV)$ はトンネル遷移確率である．この状況に対応するエネルギーダイヤグラムを図 A.1(b) に示した．$V$ が十分に小さければ，探針側の状態密度 $n_\mathrm{t}(E_\mathrm{F} - eV + \epsilon)$ とトンネル遷移確率 $T(\epsilon, eV)$ は一定とみなせるので，式 (A.9) を $V$ に関して微分すると

$$\frac{dI}{dV} \propto n_\mathrm{s}(E_\mathrm{F} + eV, \boldsymbol{r}_0) \qquad (A.10)$$

が得られる．すなわち，トンネル電流をバイアス電圧で微分して得られる微分伝導度は，探針先端の場所 $\boldsymbol{r}_0$ においてフェルミ準位から測ったエネルギー $eV$ での試料の状態密度に直接に比例する量となる．これが，走査トンネル分光 (scanning tunneling spectroscopy, STS) の原理である．電圧 $V$ を一定にしたまま試料表面を走査して微分伝導度 $dI/dV$ をマッピングすると，エネルギー $eV$ における局所密度状態 $n_\mathrm{s}(E_\mathrm{F} + eV, \boldsymbol{r}_0)$ を可視化した画像が得られる．例えば超伝導体のボルテックスの中心は，フェルミ準位近傍で超伝導ギャップが抑制されて状態密度が大きくなっているので，$dI/dV$ マッピングによりボルテックスの画像を得ることができる．

## A.2.2  角度分解光電子分光

ARPES は希ガス放電管や放射光リング，またはレーザーなどから発せられる紫外励起光を試料表面に照射し，光電効果によって真空中に放出された電子（光電子）を測定することで，試料表面近傍の電子状態密度と運動量を直接的

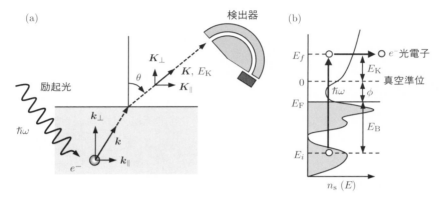

**図 A.2**　(a) 角度分解光電子分光の概念図. (b) 光電子過程を示すエネルギーダイヤグラム. 横軸は状態密度, 縦軸はエネルギーを表す.

に観測する実験手法である. 図 A.2(a) に示すように, 励起光によって真空中に放出された光電子をある立体角の範囲でとらえ, 検出器によりその運動エネルギーを測定する.

　光電子の放出過程を模式的に図 A.2(b) に示す. フェルミ準位 $E_F$ 以下のエネルギー準位は電子が占有しており, 始状態のエネルギー準位を $E_i$ とする. $E_B = E_F - E_i$ を束縛エネルギーと呼ぶ. 試料の仕事関数を $\phi$ とすると, $E_B + \phi$ より大きなエネルギー $\hbar\omega$ をもつ励起光を照射することで, 始状態にいた電子は真空準位よりも高いエネルギー準位 $E_f$ の終状態に遷移し, その一部は真空中に光電子として放出される. 光電子の運動エネルギーを $E_K$ とすると,

$$E_B = \hbar\omega - \phi - E_K \tag{A.11}$$

の関係があるため, $E_K$ を測定することで, 束縛エネルギー $E_B$ を決定することができる. この測定原理からわかるように, 光電子分光で測定ができるのはフェルミ準位以下の占有状態である. 観測にかかる電子状態の深さ方向の範囲は, 光電子の平均自由行程によって定まり, 励起光のエネルギーによって異なるが, 一般に 0.5 ～ 2 nm 程度であって表面敏感な測定手法が可能である.

　面内方向には全系で結晶格子の周期性を保っており, また励起光の運動量は電子の運動量に比べて十分に小さい. よって, 光電子励起過程においては面内

方向の結晶運動量が保存される. すなわち, 始状態の面内運動量 $k_\parallel$ は真空中に放出された光電子の面内運動量 $K_\parallel$ と逆格子ベクトル $G$ を除いて等しい.

$$k_\parallel + G = K_\parallel \tag{A.12}$$

一方, 光電子の放出角度 $\theta$ と運動エネルギー $E_{\mathrm{K}}$ を用いると, $|K_\parallel|$ は次の式により表すことができる.

$$|K_\parallel| = \frac{\sqrt{2mE_{\mathrm{K}}}}{\hbar} \sin\theta \tag{A.13}$$

よって, 光電子のエネルギーと運動方向を測定することで, 占有状態の束縛エネルギーとブリルアンゾーン内における面内運動量を決定することができる.

放出される光電子強度は以下のように求められる. ベクトルポテンシャルで表した電磁場 $A(r,t)$ に対応する摂動ハミルトニアンは 1 次の近似で

$$\hat{H}'(r,t) = -\frac{e}{m}A(r,t)\cdot\hat{p} = \frac{ie\hbar}{m}A(r,t)\cdot\nabla \tag{A.14}$$

である. ただし, $\nabla\cdot A = 0$ とした. ここで, 時刻 $t = 0$ で摂動 $A(r,t) = A_0 \exp\left[i(k\cdot r - \omega t)\right]$ を開始し, 光を吸収して電子が始状態 $\phi_i$ (エネルギー $E_i$) から終状態 $\phi_f$ (エネルギー $E_f$) に遷移する振幅 $a_{fi}(t)$ を考える.

$$a_{fi}(t) = \frac{1}{i\hbar}\int_0^t H'_{fi}(t)\exp\left(i\omega_{fi}t\right)dt \tag{A.15}$$

ただし,

$$H'_{fi}(t) = \int \phi_f^* \hat{H}'(r,t)\phi_i dr \tag{A.16}$$

$$\omega_{fi} = (E_f - E_i)/\hbar \tag{A.17}$$

である. $t\to\infty$ において単位時間あたりに光励起が起こる平均確率 $w_{fi}$ は

$$w_{fi} = \lim_{t\to\infty}\frac{1}{t}|a_{fi}(t)|^2 \tag{A.18}$$

$$= \frac{2\pi\hbar e^2}{m^2}|A_0|^2|M_{fi}|^2\delta(E_f - E_i - \hbar\omega) \tag{A.19}$$

となる. ただし,

$$M_{fi} = \int \phi_f^* \exp\left(i\boldsymbol{k}\cdot\boldsymbol{r}\right)\frac{\boldsymbol{A}_0}{|\boldsymbol{A}_0|}\cdot\nabla\phi_i d\boldsymbol{r} \qquad (A.20)$$

は遷移行列要素である.

簡単のため $M_{fi} = \text{const.}$ とおくと，エネルギー $E = E_i$ をもつ全状態からの光励起の単位時間あたり平均確率（＝光電子強度）$W$ は

$$W = \sum_i w_{fi} \propto \sum_i \delta(E_f - E_i - \hbar\omega) = n_{\mathrm{s}}(E_{\mathrm{F}} - E_{\mathrm{B}}) \qquad (A.21)$$

となり，$W$ は束縛エネルギー $E_{\mathrm{B}}$ における試料の状態密度に比例する.

# 参考文献

[1] T. Uchihashi: Supercond. Sci. Technol. **30**, 013002 (2017)

[2] M. Tinkham: *"Introduction to Superconductivity"*, 2nd ed., Dover Pub. (2004)

[3] 家泰弘:「超伝導（朝倉物性物理シリーズ）」, 朝倉書店 (2005)

[4] 勝本信吾・河野公俊:「超伝導と超流動（岩波講座 物理の世界）」, 岩波書店 (2006)

[5] 有田亮太郎:「高圧下水素化物の室温超伝導（基本法則から読み解く 物理学最前線 26）」, 共立出版 (2022)

[6] 永長直人:「物質の中の宇宙論（岩波講座 物理の世界）」, 岩波書店 (2002)

[7] 西森秀稔:「相転移・臨界現象の統計力学（新物理学シリーズ）」, 培風館 (2005)

[8] E. Simanek: *"Inhomogeneous Superconductors: Granular and Quantum Effects"*, Oxford University Press (1994)

[9] A. M. Kadin, K. Epstein, and A. M. Goldman: Phys. Rev. B, **27**, 6691 (1983)

[10] I. Herbut: *"A Modern Approach to Critical Phenomena"*, Cambridge University Press (2007)

[11] S. Katsumoto: J. Low Temp. Phys., **98**, 287 (1995)

[12] D. B. Haviland, Y. Liu, and A. M. Goldman: Phys. Rev. Lett., **62**, 2180 (1989)

[13] M. P. A. Fisher: Phys. Rev. Lett., **65**, 923 (1990)

[14] A. M. Goldman and N. Marković: Physics Today, **51**, 39 (1998)

[15] N. Marković, C. Christiansen, and A. M. Goldman: Phys. Rev. Lett., **81**, 5217 (1998)

[16] A. F. Hebard and M. A. Paalanen: Phys. Rev. Lett., **65**, 927 (1990)

[17] D. Eom, S. Qin, M. Y. Chou, and C. Shih: Phys. Rev. Lett. **96**, 027005

(2006)

[18] S. Y. Qin, J. Kim, Q. Niu, and C.-K. Shih: Science, **324**, 1314 (2009)

[19] Y. Guo, Y.-F. Zhang, X.-Y. Bao, T.-Z. Han, Z. Tang, L.-X. Zhang, W.-G. Zhu, E. G. Wang, Q. Niu, Z. Q. Qiu, J.-F. Jia, Z.-X. Zhao, and Q.-K. Xue: Science, **306**, 1915 (2004)

[20] M. M. Özer, J. R. Thompson, and H. H. Weitering: Nat. Phys., **2**, 173 (2006)

[21] T. Zhang, P. Cheng, W.-J. Li, Y.-J. Sun, G. Wang, X.-G. Zhu, K. He, L. Wang, X. C. Ma, X. Chen, Y. Y. Wang, Y. Liu, H.-Q. Lin, J.-F. Jia, and Q.-K. Xue: Nat. Phys., **6**, 104 (2010)

[22] T. Uchihashi, P. Mishra, M. Aono, and T. Nakayama: Phys. Rev. Lett., **107**, 207001 (2011)

[23] J. W. Park and M.-H. Kang: Phys. Rev. Lett., **109**, 166102 (2012)

[24] T. Uchihashi, P. Mishra, and T. Nakayama: Nanoscale Res. Lett., **8**, 167 (2013)

[25] H. W. Yeom, S. Takeda, E. Rotenberg, I. Matsuda, K. Horikoshi, J. Schaefer, C. M. Lee, S. D. Kevan, T. Ohta, T. Nagao, and S. Hasegawa: Phys. Rev. Lett., **82**, 4898 (1999)

[26] S. Yoshizawa and T. Uchihashi: unpublished data.

[27] M. Yamada, T. Hirahara, and S. Hasegawa: Phys. Rev. Lett., **110**, 237001 (2013)

[28] T. Sekihara, R. Masutomi, and T. Okamoto: Phys. Rev. Lett., **111**, 057005 (2013)

[29] A. V. Matetskiy, S. Ichinokura, L. V. Bondarenko, A. Y. Tupchaya, D. V. Gruznev, A. V. Zotov, A. A. Saranin, R. Hobara, A. Takayama, and S. Hasegawa: Phys. Rev. Lett., **115**, 147003 (2015)

[30] H.-M. Zhang, Y. Sun, W. Li, J.-P. Peng, C.-L. Song, Y. Xing, Q. Zhang, J. Guan, Z. Li, Y. Zhao, S. Ji, L. Wang, K. He, X. Chen, L. Gu, L. Ling, M. Tian, L. Li, X. C. Xie, J. Liu, H. Yang, Q.-K. Xue, J. Wang, and X. Ma: Phys. Rev. Lett., **114**, 107003 (2015)

[31] T. Terashima, K. Shimura, Y. Bando, Y. Matsuda, A. Fujiyama, and S. Komiyama: Phys. Rev. Lett., **67**, 1362 (1991)

[32] G. Logvenov, A. Gozar, and I. Bozovic: Science, **326**, 699 (2009)

[33] A. T. Bollinger, G. Dubuis, J. Yoon, D. Pavuna, J. Misewich, and I. Boovi: Nature, **472**, 458 (2011)

[34] D. Jiang, T. Hu, L. You, Q. Li, A. Li, H. Wang, G. Mu, Z. Chen, H. Zhang, G. Yu, J. Zhu, Q. Sun, C. Lin, H. Xiao, X. Xie, and M. Jiang: Nat. Commun., **5**, 5708 (2014)

[35] Y. Yu, L. Ma, P. Cai, R. Zhong, C. Ye, J. Shen, G. D. Gu, X. H. Chen, and Y. Zhang: Nature, **575**, 156 (2019)

[36] Q.-Y.Wang, Z. Li, W.-H. Zhang, Z.-C. Zhang, J.-S. Zhang, W. Li, H. Ding, Y.-B. Ou, P. Deng, K. Chang, J. Wen, C.-L. Song, K. He, J.-F. Jia, S.-H. Ji, Y.-Y. Wang, L.-L. Wang, X. Chen, X.-C. Ma, and Q.-K. Xue: Chin. Phys. Lett., **29**, 037402 (2012)

[37] L. Wang, X. Ma, and Q.-K. Xue: Supercond. Sci. Technol., **29**, 123001 (2016)

[38] W.-H. Zhang, Y. Sun, J.-S. Zhang, F.-S. Li, M.-H. Guo, Y.-F. Zhao, H.-M. Zhang, J.-P. Peng, Y. Xing, H.-C. Wang, T. Fujita, A. Hirata, Z. Li, H. Ding, C.-J. Tang, M. Wang, Q.-Y. Wang, K. He, S.-H. Ji, X. Chen, J.-F. Wang, Z.-C. Xia, L. Li, Y.-Y. Wang, J. Wang, L.-L. Wang, M.-W. Chen, Q.-K. Xue, and X.-C. Ma: Chin. Phys. Lett., **31**, 017401 (2014)

[39] Y. Zhang, J. J. Lee, R. G. Moore, W. Li, M. Yi, M. Hashimoto, D. H. Lu, T. P. Devereaux, D.-H. Lee, and Z.-X. Shen: Phys. Rev. Lett., **117**, 117001 (2016)

[40] J.-F. Ge, Z.-L. Liu, C. Liu, C.-L. Gao, D. Qian, Q.-K. Xue, Y. Liu, and J.-F. Jia: Nat. Mater., **14**, 285 (2014)

[41] C.-L. Song, Y.-L. Wang, Y.-P. Jiang, Z. Li, L. Wang, K. He, X. Chen, X.-C. Ma, and Q.-K. Xue: Phys. Rev. B, **84**, 020503 (2011)

[42] D. Liu, W. Zhang, D. Mou, J. He, Y.-B. Ou, Q.-Y. Wang, Z. Li, L. Wang, L. Zhao, S. He, Y. Peng, X. Liu, C. Chen, L. Yu, G. Liu, X. Dong, J. Zhang, C. Chen, Z. Xu, J. Hu, X. Chen, X. Ma, Q. Xue, and X. J. Zhou: Nat. Commun., **3**, 931 (2012)

[43] S. Zhang, J. Guan, X. Jia, B. Liu, W. Wang, F. Li, L. Wang, X. Ma, Q. Xue, J. Zhang, E. W. Plummer, X. Zhu, and J. Guo: Phys. Rev. B, **94**,

081116 (2016)

[44] S. He, J. He, W. Zhang, L. Zhao, D. Liu, X. Liu, D. Mou, Y.-B. Ou, Q.-Y. Wang, Z. Li, L. Wang, Y. Peng, Y. Liu, C. Chen, L. Yu, G. Liu, X. Dong, J. Zhang, C. Chen, Z. Xu, X. Chen, X. Ma, Q. Xue, and X. J. Zhou: Nat. Mater. **12**, 605 (2013)

[45] S. Tan, Y. Zhang, M. Xia, Z. Ye, F. Chen, X. Xie, R. Peng, D. Xu, Q. Fan, H. Xu, J. Jiang, T. Zhang, X. Lai, T. Xiang, J. Hu, B. Xie, and D. Feng: Nat. Mater., **12**, 634 (2013)

[46] Y. Miyata, K. Nakayama, K. Sugawara, T. Sato, and T. Takahashi: Nat. Mater., **14**, 775 (2015)

[47] J. Shiogai, Y. Ito, T. Mitsuhashi, T. Nojima, and A. Tsukazaki: Nat. Phys., **12**, 42 (2016)

[48] C. Tang, C. Liu, G. Zhou, F. Li, H. Ding, Z. Li, D. Zhang, Z. Li, C. Song, S. Ji, K. He, L. Wang, X. Ma, and Q.-K. Xue: Phys. Rev. B, **93**, 020507 (2016)

[49] A. Ohtomo and H. Y. Hwang: Nature, **427**, 423 (2004)

[50] N. Reyren, S. Thiel, A. D. Caviglia, L. F. Kourkoutis, G. Hammerl, C. Richter, C. W. Schneider, T. Kopp, A.-S. Retschi, D. Jaccard, M. Gabay, D. A. Muller, J.-M. Triscone, and J. Mannhart: Science, **317**, 1196 (2007)

[51] N. Reyren, S. Gariglio, A. D. Caviglia, D. Jaccard, T. Schneider, and J.-M. Triscone: Appl. Phys. Lett., **94**, 112506 (2009)

[52] L. Li, C. Richter, J. Mannhart, and R. C. Ashoori: Nat. Phys., **7**, 762 (2011)

[53] J. A. Bert, B. Kalisky, C. Bell, M. Kim, Y. Hikita, H. Y. Hwang, and K. A. Moler: Nat. Phys., **7**, 767 (2011)

[54] A. D. Caviglia, S. Gariglio, N. Reyren, D. Jaccard, T. Schneider, M. Gabay, S. Thiel, G. Hammerl, J. Mannhart, and J. M. Triscone: Nature, **456**, 624 (2008)

[55] K. Ueno, S. Nakamura, H. Shimotani, A. Ohtomo, N. Kimura, T. Nojima, H. Aoki, Y. Iwasa, and M. Kawasaki: Nat. Mater., **7**, 855 (2008)

[56] J. T. Ye, Y. J. Zhang, R. Akashi, M. S. Bahramy, R. Arita, and Y. Iwasa: Science, **338**, 1193 (2012)

[57] Y. Saito, Y. Nakamura, M. S. Bahramy, Y. Kohama, J. Ye, Y. Kasahara, Y. Nakagawa, M. Onga, M. Tokunaga, T. Nojima, Y. Yanase, and Y. Iwasa: Nat. Phys., **12**, 144 (2016)

[58] K. Kanetani, K. Sugawara, T. Sato, R. Shimizu, K. Iwaya, T. Hitosugi, and T. Takahashi: Proc. Natl. Acad. Sci., **109**, 19610 (2012)

[59] S. Ichinokura, K. Sugawara, A. Takayama, T. Takahashi, and S. Hasegawa: ACS Nano, **10**, 2761 (2016)

[60] A. K. Geim and I. V. Grigorieva: Nature, **499**, 419 (2013)

[61] M. Koshino, N. F. Q. Yuan, T. Koretsune, M. Ochi, K. Kuroki, and L. Fu: Phys. Rev. X, **8**, 031087 (2018)

[62] R. Bistritzer and A. H. MacDonald: Proc. Natl. Acad. Sci., **108**, 12233 (2011)

[63] Y. Cao, V. Fatemi, A. Demir, S. Fang, S. L. Tomarken, J. Y. Luo, J. D. Sanchez-Yamagishi, K. Watanabe, T. Taniguchi, E. Kaxiras, R. C. Ashoori, and P. Jarillo-Herrero: Nature, **556**, 80 (2018)

[64] G. Blatter, M. V. Feigel'man, V. B. Geshkenbein, A. I. Larkin, and V. M. Vinokur: Rev. Mod. Phys., **66**, 1125 (1994)

[65] S. Yoshizawa, H. Kim, T. Kawakami, Y. Nagai, T. Nakayama, X. Hu, Y. Hasegawa, and T. Uchihashi: Phys. Rev. Lett., **113**, 247004 (2014)

[66] H. Kim, S.-Z. Lin, M. J. Graf, Y. Miyata, Y. Nagai, T. Kato, and Y. Hasegawa: Phys. Rev. Lett., **117**, 116802 (2016)

[67] J. Kim, V. Chua, G. A. Fiete, H. Nam, A. H. MacDonald, and C. K. Shih: Nat. Phys., **8**, 464 (2012)

[68] D. Roditchev, C. Brun, L. Serrier-Garcia, J. C. Cuevas, V. H. L. Bessa, M. V. Miloevi, F. Debontridder, V. Stolyarov, and T. Cren: Nat. Phys., **11**, 332 (2015)

[69] 高柳英明:「超伝導と常伝導の謎の境界（現代物理最前線）」, 共立出版 (2000)

[70] 田仲由喜夫:「超伝導接合の物理」, 名古屋大学出版会 (2021)

[71] B. J. van Wees, P. de Vries, P. Magnée, and T. M. Klapwijk: Phys. Rev. Lett., **69**, 510 (1992)

[72] T. M. Klapwijk: J. Supercond. Nov. Magn., **17**, 593 (2004)

[73] Y. Saito, T. Nojima, and Y. Iwasa: Nat. Commun., **9**, 778 (2018)

[74] P. Phillips and D. Dalidovich: Science, **302**, 243 (2003)

[75] A. Kapitulnik, S. A. Kivelson, and B. Spivak: Rev. Mod. Phys., **91**, 011002 (2019)

[76] Y. Saito, Y. Kasahara, J. Ye, Y. Iwasa, and T. Nojima: Science, **350**, 409 (2015)

[77] A. W. Tsen, B. Hunt, Y. D. Kim, Z. J. Yuan, S. Jia, R. J. Cava, J. Hone, P. Kim, C. R. Dean, and A. N. Pasupathy: Nat. Phys., **12**, 208 (2016)

[78] E. Shimshoni, A. Auerbach, and A. Kapitulnik: Phys. Rev. Lett., **80**, 3352 (1998)

[79] Y. Xing, H.-M. Zhang, H.-L. Fu, H. Liu, Y. Sun, J.-P. Peng, F. Wang, X. Lin, X.-C. Ma, Q.-K. Xue, J. Wang, and X. C. Xie: Science, **350**, 542 (2015)

[80] K. Ienaga, T. Hayashi, Y. Tamoto, S. Kaneko, and S. Okuma: Phys. Rev. Lett., **125**, 257001 (2020)

[81] E. Bauer and M. Sigrist: *"Non-Centrosymmetric Superconductors"*, Springer, Heidelberg (2012)

[82] T. Uchihashi: AAPPS Bulletin, **31**, 27 (2021)

[83] K. Sakamoto, H. Kakuta, K. Sugawara, K. Miyamoto, A. Kimura, T. Kuzumaki, N. Ueno, E. Annese, J. Fujii, A. Kodama, T. Shishidou, H. Namatame, M. Taniguchi, T. Sato, T. Takahashi, and T. Oguchi: Phys. Rev. Lett., **103**, 156801 (2009)

[84] K. Sakamoto, T. Oda, A. Kimura, K. Miyamoto, M. Tsujikawa, A. Imai, N. Ueno, H. Namatame, M. Taniguchi, P. E. J. Eriksson, and R. I. G. Uhrberg: Phys. Rev. Lett., **102**, 096805 (2009)

[85] S. K. Yip: Phys. Rev. B, **65**, 144508 (2002)

[86] X. Xi, Z. Wang, W. Zhao, J.-H. Park, K. T. Law, H. Berger, L. Forr, J. Shan, and K. F. Mak: Nat. Phys., **12**, 139 (2016)

[87] J. M. Lu, O. Zheliuk, I. Leermakers, N. F. Q. Yuan, U. Zeitler, K. T. Law, and J. T. Ye: Science, **350**, 1353 (2015)

[88] S. C. de la Barrera, M. R. Sinko, D. P. Gopalan, N. Sivadas, K. L. Seyler, K. Watanabe, T. Taniguchi, A. W. Tsen, X. Xu, D. Xiao, and B. M. Hunt: Nat. Commun., **9**, 1427 (2018)

[89] T. Kobayashi, Y. Nakata, K. Yaji, T. Shishidou, D. Agterberg, S. Yoshizawa, F. Komori, S. Shin, M. Weinert, T. Uchihashi, and K. Sakamoto: Phys. Rev. Lett., **125**, 176401 (2020)

[90] S. Yoshizawa, T. Kobayashi, Y. Nakata, K. Yaji, K. Yokota, F. Komori, S. Shin, K. Sakamoto, and T. Uchihashi: Nat. Commun., **12**, 1462 (2021)

[91] S. Fujimoto: J. Phys. Soc. Jap., **76**, 051008 (2007)

[92] M. Smidman, M. B. Salamon, H. Q. Yuan, and D. F. Agterberg: Rep. Prog. Phys., **80**, 036501 (2017)

[93] V. M. Edelstein: Sov. Phys. JETP, **68**, 1244 (1989)

[94] L. P. Gor'kov and E. I. Rashba: Phys. Rev. Lett., **87**, 037004 (2001)

[95] O. Dimitrova and M. V. Feigel'man: Phys. Rev. B, **76**, 014522 (2007)

[96] V. Barzykin and L. P. Gor'kov: Phys. Rev. Lett., **89**, 227002 (2002)

[97] R. P. Kaur, D. F. Agterberg, and M. Sigrist: Phys. Rev. Lett., **94**, 137002 (2005)

# 索　引

## 著者紹介

内橋　隆（うちはし　たかし）

1995 年　東京大学大学院理学系研究科 物理学専攻博士課程修了
　　　　　博士（理学）
1995 年　科学技術庁金属材料技術研究所 極高真空場ステーション　研究員
2001 年　物質・材料研究機構 ナノマテリアル研究所　研究員
2006 年　ドイツ・キール大学　客員研究員（兼務）
2015 年－2020 年　横浜市立大学大学院 生命ナノシステム科学研究科　客員教授（兼務）
2016 年－現在　物質・材料研究機構 国際ナノアーキテクトニクス研究拠点
　　　　　　　　表面量子相物質グループ グループリーダー
2018 年－現在　北海道大学大学院理学院 物性物理学専攻　客員教授（兼務）

専　　門　低温物理学，表面科学，ナノサイエンス

趣 味 等　音楽鑑賞，旅行，歴史

受 賞 歴　2014 年　物質・材料研究機構理事長賞 研究奨励賞
　　　　　2016 年　日本表面科学会会誌賞

基本法則から読み解く 物理学最前線 30

## 2 次元超伝導
—表面界面と原子層を舞台として—

*Two-Dimensional Superconductors*
*Phenomena at Surfaces/Interfaces and*
*Atomic Layers*

2022 年 11 月 30 日　初版 1 刷発行

著　者　内橋　隆　ⓒ 2022

監　修　須藤彰三
　　　　岡　真

発行者　南條光章

発行所　**共立出版株式会社**
東京都文京区小日向 4-6-19
電話　03-3947-2511　（代表）
郵便番号　112-0006
振替口座　00110-2-57035
www.kyoritsu-pub.co.jp

印　刷　藤原印刷
製　本

検印廃止
NDC 428.4
ISBN 978-4-320-03550-8

一般社団法人
自然科学書協会
会員

Printed in Japan